国家级一流本科课程主讲教材

C语言程序设计教程

○ 黄复贤 编著

U0185357

中国教育出版传媒集团

高等教育出版社·北京

内容提要

　　本书介绍 C 语言的基本概念和语法，可使读者全面系统地理解和掌握 C 语言程序设计的方法。主要内容包括软件开发综述，C 语言程序的基本概念，C 语言的基本数据类型、运算符及表达式，程序的 3 种基本结构、函数、数组、指针、趣味程序设计等。

　　本书可作为高等学校各专业（特别是少学时）的 C 语言程序设计课程教材，也可作为计算机等级考试的辅导教材以及各类自学人员的参考用书。

图书在版编目（C I P）数据

　　C 语言程序设计教程／黄复贤编著 . --北京：高等教育出版社，2024.2

　　ISBN 978-7-04-061470-1

　　Ⅰ . ①C… Ⅱ . ①黄… Ⅲ . ①C 语言-程序设计-高等学校-教材　Ⅳ . ①TP312.8

中国国家版本馆 CIP 数据核字（2023）第 240302 号

C Yuyan Chengxu Sheji Jiaocheng

| 策划编辑 | 刘 娟 | 责任编辑 | 刘 娟 | 封面设计 | 张申申、易斯翔 | 版式设计 | 杨 树 |
| 责任绘图 | 易斯翔 | 责任校对 | 胡美萍 | 责任印制 | 耿 轩 | | |

出版发行	高等教育出版社	网　址	http://www.hep.edu.cn
社　址	北京市西城区德外大街 4 号		http://www.hep.com.cn
邮政编码	100120	网上订购	http://www.hepmall.com.cn
印　刷	山东百润本色印刷有限公司		http://www.hepmall.com
开　本	787 mm×1092 mm　1/16		http://www.hepmall.cn
印　张	18.75		
字　数	420 千字	版　次	2024 年 2 月第 1 版
购书热线	010-58581118	印　次	2024 年 2 月第 1 次印刷
咨询电话	400-810-0598	定　价	36.70 元

前　言

　　程序设计基础是计算机类专业的一门核心基础课，大多数高校都会选择 C 语言作为第一门程序设计语言。实践证明，C 语言的地位没有动摇，因为它是培养学生程序设计能力基础的最好选择。

　　"问渠那得清如许？为有源头活水来。"正本清源，要从源头抓起，大学的任务之一是要提高学生的自学能力，因此学生所用的教材要适合学生自学，而不能让学生越看越糊涂。学生是课程学习和内容演练的演员，教材就是剧本，剧本要鲜活、不死板，这意味着 C 语言教材就不能是编程手册。基于上述理念，本书每章都是一个独立的主题，以最适合学习、理解的方式呈现给学生。

　　2021 年，教育部教材局局长田慧生在接受专访时曾谈到："教材建设是落实党的教育方针、为广大青少年打好中国底色的'铸魂工程'，是传承中华优秀文化、增强全民族自豪感和凝聚力的'培元工程'，也是推进教育现代化、建设教育强国的'奠基工程'。"在本书中，第一章就介绍了国产软件的现状和进展，既有利于树立学生的民族自豪感、自信心，也有益于增强学生的紧迫感、危机感。

　　本书中引入了趣味程序及游戏设计，通过设计游戏，既可以提高学生的学习兴趣和学习热情，又有利于学生积累开发经验，在一定程度上体现了课程的"两性一度"——高阶性、创新性、挑战度。

　　本书强调学生学习方法及创新能力的培养，强调程序设计的入门学习，要先抓住轮廓，再注重细节，多编写程序，加强实践，体现"CDIO 做中学"工程教育思想，在阅读程序中由浅入深、逐步扩展；在调试程序中巩固知识、掌握技能；在设计程序中发现问题、解决问题。

　　本书是编者十多年来坚持持续推进课程改革和建设的缩影，是山东省高等学校课程思政研究中心资助项目（SZ2023039）的一部分建设内容，也是国家级一流本科课程"C 语言程序设计"（2023241048）的配套教材。

　　本书虽经多次修改，但限于我们的水平和条件，缺点和不足在所难免，请大家多提宝贵意见，使本书不断提高和完善。

　　本书配套教学用的 PPT，请读者根据数字说明页的指示登录到与本书配套的网站上下载。

黄复贤

2023 年 10 月

目　录

附录

第 1 章

软件开发综述及 C 程序初步

"有朋自远方来，不亦乐乎!"

计算机是人类的朋友，我们要通过计算机语言和它交流，通过计算机语言编写程序，由程序控制计算机运行。从事与编程相关的工作称为软件开发，计算机专业的学生要从事的职业很多都与软件开发相关。C 语言是用于软件开发的一种基础性计算机语言，用 C 语言规定的符号编写的代码称为 C 语言程序，简称为 C 程序。

1.1 软件开发综述

1.1.1 计算机工作原理

计算机是一种按程序自动进行信息处理的通用工具。

计算机又称"电脑"，这个名称是与人脑对比得来的，之所以称其为电脑，是因它具有和人脑相似的功能，能记忆、会计算等，是一个智能工具，以至于有人怀疑"电脑"是否会超过人脑。在计算机基础教学中讲计算机原理时，确有将其同人脑进行比较的可能性和必要性。

微视频 1.1：
计算机与程序

当一个小学生看到公式"1+1 ="时，他会脱口说出"2"。现在从这一事件看人脑是如何工作的：首先是眼或耳把"1+1 ="信息送入大脑，其次大脑对输入的信息进行分类，"1"是数据，"+""="是指令，最后计算并通过口说出结果，也可以通过手写出结果。听、看、说、写又是在大脑控制下完成的，大脑起到运算、控制、记忆的作用。而"电脑"从组成看，可分为五大部分：运算器、控制器、存储器、输入设备、输出设备，前三部分相当于人的大脑，输入设备相当于人的耳、眼，输出设备相当于人的手、口。

从简单的对比中就可得出这样的计算机工作原理：输入设备输入信息，存放到存储器中，控制器分析相关信息是数据还是指令，发出控制信号，完成输入、运算、输出。

现代计算机都基于上述的冯·诺依曼存储程序控制原理，按照存放在存储器中的程序自动进行工作。

1.1.2 计算机语言

程序是用计算机语言对解决问题的算法的描述。语言是人类在交流中产生的语音、文字、动作等各类符号的集合，如口语、书面语、肢体语言等。把用算盘进行计算时的程序用口诀来描述，珠算的语言就是口诀。计算机语言则是计算机用于工作和与人交流的语言。学习计算机语言是深入学习计算机的必经之路。

计算机语言分为机器语言、汇编语言、高级语言三类。

1. 机器语言

机器语言是直接用二进制代码指令表述的计算机语言，其指令是用 0 和 1 组成的一串代码，它们有一定的位数，并分成若干段，各段的编码表示不同的含义，如某台计算机的字长为 16 位，即用一个 16 位的二进制数组成一条指令或其他信息，用来表示操作码（指明进行什么操作）和地址码（指明被操作数的地址）。对 16 个 0 和 1 进行各种排列组合，可以组成不同的指令，通过电子线路，将指令变成电信号，让计算机执行各种不同的操作。

计算机可以直接识别机器语言，不需要进行任何翻译。每台计算机的二进制代码指令的格式和代码所代表含义的规定不尽相同，故称之为面向机器的语言，也称为机器语言。它是第一代的计算机语言。不同型号的计算机的机器语言一般是不同的。

2. 汇编语言

用二进制代码表示的机器语言难记难用，因此人们发明了用助记符（mnemonic）代替操作码，用地址符号（symbol）或标号（label）代替地址码的语言。这种用符号代替二进制代码机器语言的计算机语言就称为汇编语言，因此汇编语言也称为符号语言。

汇编语言比机器语言易于读写、调试和修改，同时具有机器语言的全部优点。但在编写复杂程序时，相较于后来发明的高级语言代码量比较大，而且汇编语言依赖于具体的计算机型号，不能通用，因此不能直接在不同型号的处理器体系结构之间移植。

汇编语言有以下特点：

① 是面向机器的低级语言，通常为特定的计算机或系列计算机专门设计。
② 保持了机器语言的优点，具有直接和简洁的特点。
③ 可有效地访问、控制计算机的各种硬件设备，如磁盘、存储器、CPU、I/O 端口等。
④ 目标代码简短，占用内存少，执行速度快，是高效的程序设计语言。
⑤ 经常与高级语言配合使用，应用十分广泛。

3. 高级语言

由于汇编语言依赖于硬件体系，且助记符量大难记，于是人们又发明了更加易用的高级语言。这种语言的语法和结构更类似于普通英文和普通数学表达式，且由于不用对硬件直接操作，因此经过学习之后一般都可以掌握。高级语言通常按其基本类型、代系、实现方式、应用范围等分类。

高级程序设计语言有以下几种类型：

① 命令式语言：这种语言的语义基于"数据存储/数据操作"的图灵机可计算模型，十分符合现代计算机体系结构的自然实现方式。其产生操作的主要途径是依赖语句或命令的作用。现代流行的大多数高级语言都是这一类型，如 FORTRAN、Pascal、COBOL、C、

C++、BASIC、Ada、Java、C#等，各种脚本语言也被看作是此种类型。

② 函数式语言：这种语言的语义基于数学函数概念值映射的 λ 算子可计算模型。用这种语言编制程序，非常适合于进行人工智能等工作。典型的函数式语言有 LISP、Haskell、ML、Scheme 等。

③ 逻辑式语言：这种语言的语义基于一组已知规则的形式逻辑系统。这种语言主要用来实现专家系统。最著名的逻辑式语言是 Prolog。

④ 面向对象语言：现代大多数高级语言都提供面向对象的支持，但有些语言是直接建立在面向对象基本模型上的，这种语言语法形式的语义就是基于对象操作。主要的纯面向对象语言有 Smalltalk。

虽然各种高级语言属于不同的类型，但它们各自都不同程度地对其他类型高级语言的运算模式有所支持。

程序设计语言从机器语言发展到高级语言所带来的主要好处是：

① 高级语言接近算法语言，易学、易掌握，一般工程技术人员只要经过几周的培训就可以进行程序员的工作。

② 高级语言为程序员提供了结构化程序设计的环境和工具，使得设计出来的程序可读性好、可维护性强、可靠性高。

③ 高级语言远离机器语言，与具体的计算机硬件关系不大，因而所写出来的程序可移植性好，重用率高。

④ 由于把繁杂琐碎的事务交给了编译程序去做，所以自动化程度高，开发周期短，使程序员从具体编程中得到解脱，可以集中时间和精力去从事对于他们来说更为重要的创造性劳动，以提高程序的质量。

4. 计算机语言处理程序

计算机语言处理程序主要有汇编程序、解释程序和编译程序。

（1）汇编程序。

使用汇编语言编写的程序，计算机不能直接识别，要由一种程序将汇编语言程序翻译成机器语言程序，这种起翻译作用的程序叫汇编程序，汇编程序是系统软件中的语言处理系统软件。汇编程序把用汇编语言编写的源程序翻译成机器语言程序的过程称为汇编。

（2）解释程序。

解释程序是一种高级语言翻译程序，它把用源语言（如 BASIC 语言）编写的语句作为输入，将其解释为机器语言，解释一句后就提交计算机执行一句，并不形成目标程序。就像外语翻译中的"口译"一样，说一句翻一句，不产生全文的翻译文本。这种工作方式非常适合于操作者通过终端设备与计算机对话，如在终端上输入一条命令或语句，解释程序就将它翻译解释成一条或几条机器语言指令，并提交硬件立即执行，且将执行结果反映到终端，从终端输入命令后，就能立即得到执行结果。这的确很方便，很适用于一些小型的计算问题。但解释程序执行速度很慢，如源程序中出现循环过程，则解释程序也会重复地翻译解释并提交执行这一组语句，这就造成很大浪费。

由于解释程序一边将源程序解释成机器代码一边执行,因此程序的方便性和交互性较好,早期的一些高级语言采用这种方式,如 BASIC、Dbase 等。但它的弱点是运行效率低,程序的运行依赖于开发环境,不能直接在操作系统下运行。

(3)编译程序。

编译程序是翻译程序,是把用高级语言编写的源程序翻译成等价的计算机机器语言的目标程序。编译程序属于采用生成性实现途径实现的翻译程序。它以高级语言编写的源程序作为输入,而以机器语言表示的目标程序作为输出。实现编译程序的算法比较复杂,这是因为它所翻译的语句与目标语言的指令不是一一对应关系,而是具有一对多的对应关系;同时也因为它要处理递归调用、动态存储分配、多种数据类型,以及语句间的紧密依赖关系。编译程序广泛地用于翻译规模较大、复杂性较高且需要高效运行的高级语言编写的源程序。

1.1.3 软件工程

软件工程是研究和指导计算机软件开发和维护的工程学科,是指应用计算机科学、数学及管理科学等原理指导软件开发。它采用工程化的概念、原理、技术和方法来开发与维护软件,把经过时间考验且证明正确的管理技术和当前最先进有效的技术方法结合起来。

软件工程借鉴传统工程的原则、方法,以提高软件的质量和降低软件的开发成本。其中,计算机科学、数学用于构建模型与算法,工程科学用于制定规范、设计范型、评估成本,管理科学用于管理计划、资源、质量、成本等。

软件工程的主要研究内容是软件开发技术和软件工程管理。

软件开发技术包含软件工程方法学、软件工具和软件开发环境;软件工程管理包含软件工程经济和软件管理。

1. 软件生存周期的阶段划分

软件工程强调使用生存周期方法学和各种结构分析及结构设计技术,它们是 20 世纪 70 年代为了应对软件复杂程度日益增长、开发周期越来越漫长以及用户对软件产品经常不满意的状况而发展起来的。人类解决复杂问题时普遍采用的一个策略是"各个击破",也就是将问题分解为若干个子问题,然后再分别解决各个子问题。软件工程采用的生存周期方法学就是从时间角度对软件开发和维护的复杂问题进行分解,把软件生存的漫长周期依次划分为若干个阶段,每个阶段有相对独立的任务,然后逐步完成每个阶段的任务。

(1)问题定义阶段。

这个阶段必须回答的关键问题是"要解决的问题是什么",如果不知道问题是什么就试图解决这个问题,显然是盲目的,只会白白浪费时间和金钱,最终得出的结果很可能是毫无意义的。

(2)可行性研究阶段。

这个阶段要回答的关键问题是"对于上一个阶段所确定的问题有行得通的解决办法吗",为了回答这个问题,系统分析员需要进行一次大大压缩和简化了的系统分析和设计的过程,也就是在较抽象的高层次上进行的分析和设计的过程。

（3）需求分析阶段。

这个阶段的任务仍然不是具体地解决问题，而是准确地确定"为了解决这个问题，目标系统必须做什么"，主要是确定目标系统必须具备哪些功能。

（4）总体设计阶段。

这个阶段必须回答的关键问题是"概括地说，应该如何解决这个问题"，主要是从整体上设计解决问题的办法。

（5）详细设计阶段。

这个阶段的任务就是把解决方法具体化，也就是回答关键问题"应该怎样具体地实现这个系统呢"，因为总体设计阶段还仅仅是以比较抽象概括的方式提出了解决问题的办法。

（6）编码和单元测试阶段。

这个阶段的关键任务是写出正确的、容易理解的、容易维护的程序模块。程序员应该根据目标系统的性质和实际环境，选取一种适当的高级语言（必要时用汇编语言），把详细设计的结果翻译成用选定的语言书写的程序，并且仔细测试编写出的每一个模块。

（7）综合测试阶段。

这个阶段的关键任务是通过各种类型的测试（及相应的调试）使软件达到预定的要求。

（8）维护阶段。

这个阶段的关键任务是，通过各种必要的维护活动使系统持久地满足用户的需要。

软件方法学是以方法为研究对象的软件学科，目的是寻求科学方法的指导，使软件开发过程"纪律化"，即要寻找一些规范的"求解过程"，把软件开发活动置于坚实的理论基础之上。

2. 面向过程和面向对象的程序设计方法

面向过程的程序设计类似于我们做一件事情的流程，即确定先做什么，然后做什么，最后做什么。它在全局范围内以功能、数据或数据流为中心，是一种更接近于机器的实际计算模型。其中的功能分解法把整个问题域看成一些功能和子功能；而数据流法则把整个问题看作一些数据流并对其加工。面向过程采用结构化程序设计方法，其代表性高级语言有 Pascal、C 等。

微视频 1.2：
软件开发与
职业规划

面向对象（object-oriented，OO）的程序设计倾向于建立一个对象模型，它能够近似地反映应用领域内的实体之间的关系，它是一种更接近于人类认知事物所采用的哲学观的计算模型。在面向对象中，对象作为计算主体，拥有自己的名称、状态以及接受外界消息的接口。产生新对象、销毁旧对象、发送消息、响应消息构成面向对象模型的根本。

面向对象是软件方法学的返璞归真。软件开发从本质上讲就是对软件所处理的问题域进行正确的认识，并把这种认识正确地描述出来。因此，就应直接面对问题域中客观存在的事物来进行软件开发。这种人类在认识世界的历史长河中形成的普遍有效的思维方法，也应适用于软件开发。面向对象的方法使得软件开发人员从过分专业化、重视规则和技巧重新回到客观世界，回到了人们的日常思维，所以称它是软件方法学的返璞归真。面向对象是一种方法的总称，它包括面向对象分析、面向对象设计、面向对象编程、面向对象测试等，面向对象的编程语言有 Delphi、Visual 系列化语言等。

1.1.4　国产软件的现状

软件一般分为系统软件和应用软件，当前我国软件开发的现状是怎样的呢？对于系统软件的开发来讲，我们仍然是一大弱项，系统软件从 Windows 到 Linux、iOS（苹果），再到 Android（安卓），均来自国外，国内系统软件的贡献和地位明显不足，但是华为鸿蒙系统的出现为我们带来无限的期望。2019 年 8 月 9 日在华为开发者大会上，华为正式发布鸿蒙系统。鸿蒙系统是一套基于微内核的全场景分布式操作系统，具备分布架构、天生流畅、内核安全、生态共享四大特点。除了在系统软件方面，我们在应用类软件方面也取得了不小成就，其中极具代表性的是 WPS Office，其既融合了微软 Office 的功能，又符合中国人的使用习惯，是我国软件产业的旗帜。

1.2　C 语言程序简介

1.2.1　C 语言出现的历史背景

C 语言是国际上广泛流行的计算机高级语言，既可用来编写系统软件，也可用来编写应用软件。

C 语言是在 B 语言的基础上发展起来的，它的根源可以追溯到 ALGOL 60。1960 年出现的 ALGOL 60 是一种面向问题的高级语言，它离硬件比较远，不宜用来编写系统程序。1963 年英国剑桥大学推出了 CPL（Combined Programming Language）语言。CPL 语言在 ALGOL 60 的基础上更接近硬件一些，但规模比较大，难以实现。1967 年英国剑桥大学的 Matin Richards 对 CPL 语言做了简化，推出了 BCPL（Basic Combined Programming Language）语言。

1972 年至 1973 年间，贝尔实验室的 D. M. Ritchie 在 B 语言的基础上设计出了 C 语言（取 BCPL 的第 2 个字母）。C 语言既保持了 BCPL 和 B 语言的优点（精练，接近硬件），又克服了它们的缺点（过于简单，数据无类型等）。最初的 C 语言只是为描述和实现 UNIX 操作系统而设计的一种语言。最早的 UNIX 操作系统是 1969 年由美国贝尔实验室的 K. Thompson 和 D. M. Ritchie 开发成功的，该系统最初用汇编语言编写。1973 年，两人再次合作，用 C 语言改写了 90% 以上的 UNIX，形成 UNIX 第 5 版。

1.2.2　C 语言程序示例

【例 1.1】显示一行字符的程序示例。

```
main( )
{
    printf("This is a C program. \n");
}
```

本程序的作用是在显示器上输出下面一行信息：

This is a C program.

程序中的 main() 表示主函数。每一个 C 程序都必须有一个 main() 函数。函数体由大括弧({})括起来。本例中主函数内只有一条输出语句，printf() 是 C 语言中的输出函数。函数的双括号内用双引号括起的字符串将按原样输出。"\n" 是换行符，即在输出 "This is a C program."后回车换行。语句最后有一个分号。本程序中涉及的 printf() 函数的详细用法将在后面章节再详细讲解。

【例 1.2】 计算 0.19199 的正弦值程序示例。

```
#include "math. h"
main( )
{
    float x;
    x = sin(0.19199);
    printf("%f\n", x);
}
```

这个程序用来计算 0.19199 的正弦值并在显示器上输出。sin()（正弦函数）是系统提供的函数，"#include "math.h""说明引用数学头文件，是 C 语言的预处理命令，后面再对其进行详细解释。

1.2.3 C语言中的函数

程序代码由函数组成是 C 语言的主要特色，即 C 语言由函数构成。

在数学领域中，函数表示一种关系，这种关系使一个集合里的某一个元素对应到另一个（可能是相同的）集合里的唯一一个元素。

在 C 语言中，函数是指能完成相对独立功能的一段代码，主要用来对数据进行加工。C 语言系统提供的内部函数称为系统函数，用户根据特定问题编制的功能代码函数称为自定义函数。

微视频 1.3:
C 语言程序及元素

在 C 语言中以函数方式来组织实现一定功能模块的代码。一个 C 语言源程序至少包含一个 main() 函数，也可以包含一个 main() 函数和若干个其他函数。被调用的函数可以是系统提供的库函数（如 printf() 函数和 scanf() 函数），也可以是用户根据需要自己编制设计的函数，C 的函数相当于其他语言中的子程序，用函数来实现特定的功能。程序中的全部工作都由各个函数分别完成。编写 C 程序就是编写一个个函数。C 的函数库十分丰富，ANSI C 建议的标准库函数中包括 100 多个函数，Turbo C 和 MS C 4.0 提供 300 多个库函数。C 的这种特点容易实现程序的模块化。

在主函数 main() 中一般有说明和执行两部分，在主函数前面的 "#include "math.h""

是预编译命令，关于预编译命令在后面详细介绍。

C 语言本身没有输入输出语句。由于输入输出操作涉及具体的计算机设备，因此 C 对输入输出实行"函数化"，把输入输出操作放在函数中处理。输入和输出的操作由 scanf() 和 printf() 等库函数来完成。

1. 2. 4 C 语言的元素

C 语言的元素有 4 类：关键字、标识符、分隔符、注释符号。

1. 关键字

关键字是 C 语言规定的具有特定意义的字符串。关键字一共有 32 个，由系统定义，它们不能重新用作其他定义，如下所示：

auto	break	case	char	const
continue	default	do	double	else
enum	extern	float	for	goto
if	int	long	register	return
short	signed	sizeof	static	struct
switch	typedef	unsigned	union	void
volatile	while			

2. 标识符

简单地说，标识符（identifier）就是一个名字，是一个有效字符序列，用来表示程序中的常量名、变量名、函数名、数组名、类型名、文件名等。

C 语言规定标识符只能由字母、数字和下划线 3 种字符组成，且第 1 个字符必须是字母或下划线，例如，下面列出的几个字符串就是合法的标识符，也是合法的变量名：

Sum	average	_total	class	day	Month
student_name	tan	lotus_1_2_3	basic	li_ling	

下面列出的几个字符串不是合法的标识符：

M.	d. j	ohn,	y 123	#33	3d64	a>b

ANSI 标准规定，标识符可以为任意长度，但外部名必须至少能由前 8 个字符唯一地区分。这里外部名指的是在链接过程中所涉及的标识符，其中包括文件间共享的函数名和全局变量名。这是因为对某些仅能识别前 8 个字符的编译程序而言，下面列出的外部名将被当作同一个标识符处理：

Counters	Counters1	Counters2

ANSI 标准还规定内部名必须至少能由前 31 个字符唯一地区分。内部名指的是仅出现于定义该标识符的文件中的那些标识符。

C语言中，大小写字母不等效，因此，A 和 a，I 和 i，Sum 和 sum，分别表示两个不同的标识符。

3. 分隔符

分隔符有空格、分号两种。空格用来分隔不同标识符及美化程序格式，分号是一个语句的结束符号。

4. 注释符号

可以用/ * …… */对 C 程序中的任何部分进行注释，注释可位于行首、行尾或单独占一行。一个好的、有使用价值的源程序都应当加上必要的注释，以增加程序的可读性。

1.2.5 程序的输入、编辑和调试

用户可以在"记事本"程序或 VC 集成开发环境中完成 C 源程序的输入。输入程序时要养成良好的习惯，建议用阶梯缩进格式。配对的大括号对要上下对齐，在 VC 环境下有辅助对齐功能，在输入"{"后及在行尾都应该按 Enter 键，系统会自动换行留出空白。程序中要有适当的注释、空白。定义标识符要"见名知意"，如用 area 代表面积等，少用不易区分的字符，如 0 和 o、数字 1 和字母 l。

微视频 1.4：
第一个 C 程序

在 VC 环境下编辑程序和使用"记事本"程序输入文本文档的操作方法类似，但是它更方便，因为它使用多种颜色表示关键字和语法等，另外还有输入提示。

1. 建立源程序

（1）进入 Visual C++主窗口（简称为 VC 环境），如图 1.1 所示。

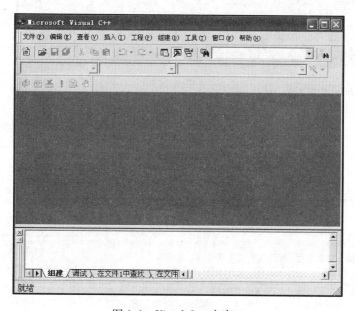

图 1.1　Visual C++主窗口

（2）执行"文件"菜单→"新建"命令，打开"新建"对话框，如图 1.2 所示。

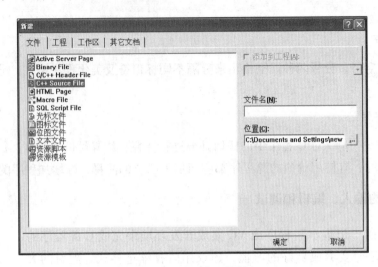

图 1.2 "新建"对话框

（3）选择"文件"选项卡，单击"C++ Source File"选项，在"文件名"文本框中输入文件名，如"ex11.c"（注意：不要漏了扩展名".c"），在"位置"文本框中输入用来保存程序的文件夹名，最后单击"确定"按钮进入编辑窗口，就可以输入程序代码了，如图 1.3 所示。

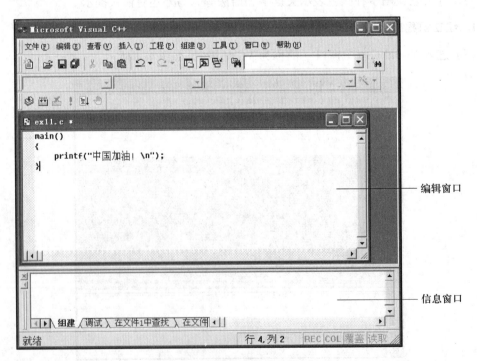

图 1.3 编辑窗口和信息窗口

对于已经建立并保存好的 C 程序文件，在包含它的文件夹内双击其文件图标也能启动 VC，并自动打开此 C 程序文件。

2. 调试、运行程序

微视频 1.5:
文件名与编译

（1）执行"组建"菜单→"编译［ex11.c］"命令，根据提示建立项目工作区及保存源文件，如果没有错误，则在如图 1.3 所示的信息窗口中将显示"ex11.obj- 0 error(s)，0 warning(s)"，表示编译通过。

（2）执行"组建"菜单→"！执行［ex11.exe］"命令，运行程序，即可得如图 1.4 所示的结果。（其中，"Press any key to continue"是 Visual C++系统自动添加的）

微视频 1.6:
编辑错误

图 1.4　程序运行结果

如果输入的源程序有误，编译就通不过，在信息窗口中会显示类似"ex11.obj- 1 error(s)，0 warning(s)"的信息，这时进入信息窗口，滚动窗口中的内容，可以看到其中会有提示，提示发生了什么错误，如图 1.5 所示。其中，"ex11.c(3)：warning C4013：'printf' undefined；assuming extern returning int"是警告信息，提示"printf 未被定义"，这不影响生成目标程序和可执行程序，但是有可能影响程序运行结果，应该在程序首行添加语句"#include <stdio.h>"。"ex11.c(4)：error C2065：'kk'：undeclared identifier"是错误提示，表示程序中出现了未定义的标识符 kk，删除它后即可运行程序。

图 1.5　调试信息

完成了一个程序的编写和调试后，执行"文件"菜单→"关闭"命令，即可结束对该程序的操作。

习题和实验

一、习题

1. 下列符号中，哪些是合法的标识符？为什么？

　　a2B　　　　3aB　　　　π　　　　+a,b6_　　　　i＊k　　　　Main,if,OK.

2. 熟悉 Visual C++开发环境，并在其中验证本章中的例子。

3. 单选题。

（1）用 C 语言编写的代码程序（　　　）。

　　　A. 可立即执行　　　　　　　　　　B. 是一个源程序

　　　C. 经过编译也不可以执行　　　　　D. 经过编译解释才能执行

（2）以下叙述中正确的是（　　　）。

　　　A. C 语言比其他语言高级

　　　B. C 语言程序可以不用编译就能被计算机识别执行

　　　C. C 语言以接近英语国家的自然语言和数学语言作为语言的表达形式

　　　D. C 语言出现得最晚，具有其他语言的一切优点

（3）要把高级语言编写的源程序转换为目标程序，需要使用（　　　）。

　　　A. 编辑程序　　　　B. 驱动程序　　　　C. 诊断程序　　　　D. 编译程序

（4）以下叙述中错误的是（　　　）。

　　　A. 用户定义标识符时允许使用关键字

　　　B. 用户定义的标识符应尽量做到"见名知意"

　　　C. 用户定义的标识符必须以字母或下划线开头

　　　D. 用户定义的标识符中，大、小写字母代表不同标识符

（5）下列关于 C 语言用户标识符的叙述中正确的是（　　　）。

　　　A. 用户标识符中可以出现下划线和中划线（减号）

　　　B. 用户标识符中不可以出现中划线，但可以出现下划线

　　　C. 用户标识符中可以出现下划线，但不可以放在用户标识符的开头

　　　D. 用户标识符中可以出现下划线和数字，它们都可以放在用户标识符的开头

（6）以下叙述中正确的是（　　　）。

　　　A. C 程序的注释部分可以出现在程序中任意合适的地方

　　　B. 花括号"｛"和"｝"只能作为函数体的定界符

　　　C. 构成 C 程序的基本单位是函数，所有函数名都可以由用户命名

　　　D. 分号是 C 语句之间的分隔符，不是语句的一部分

二、实验

1. 进入 Visual C++环境，按下表要求，填写正确代码和调试过程。

源代码	正确代码及调试过程记录
| ```
mian( )
{/*在程序中适当注释*/
    printf("同学们辛苦啦！\");
}
``` | |

2. 调试通过上面的程序后，先关闭 Visual C++环境，然后重新进入，仔细输入下面的程序代码，运行并体验执行程序的乐趣。

```
#include<stdlib. h>
#include<time. h>
main( )
{
    int a, b, c;
    srand((unsigned)time(0));
    printf("*****九九乘法测试程序*****\n");
    printf("*****结果输入 0  结束*****\n");
    do
    {
        a=rand( )%9+1;
        b=rand( )%9+1;
        printf("请输入结果%d*%d=", a, b);
        scanf("%d",&c);
        if(c==a*b)
            printf("你答对了！\n");
        else
            printf("正确结果是%d\n", a*b);
    }while(c>0);
}
```
```

第 2 章

C 语言的数据

程序的主要任务是处理数据，编写程序就是描述数据的处理过程，其中必然涉及数据的表述和计算问题。

本章学习 C 语言的数据、数据类型、数据的存储和表示；掌握常量、变量的定义方法；掌握整型、实型、字符型数据的基本用法。

2.1 数据类型

数据是程序处理的对象。计算机硬件只能处理代表高、低电平的 1、0 信号，数据也以 1、0 的形式存放在存储器中，对 1、0 的组织就构成了数据结构。数据结构就是指数据的组织形式（逻辑结构、物理结构）。处理同样的问题，如果数据结构不同，算法也不同，应当综合考虑选择最佳的数据结构和算法。不同机器的指令系统处理的字长也不一样，对整数等类型的存储、处理也不完全相同。机器底层能处理的类型有限，而在高级语言中都提供了丰富的数据类型。

数据类型是对程序中处理的数据的"抽象"。人们为描述不同对象及对象的不同特征引入了丰富的数据类型。例如，在生活中引入正数、负数来表示相反方向的量；人的姓名多用文字表示，很少用"123"之类的数字表示；工资一般用数值表示，如 2 000.58。对不同类型的对象能进行的操作也不同，例如，提高工资可以用原工资乘以 1.2，表示涨工资 20%，而表示年龄只能用整数，对其运算只能增加或减少一个整数，如每过一年增加 1 岁，不能用小数表示增长。

程序、算法处理的对象是数据。数据以某种特定的形式（如整数、实数、字符）存在，而且不同的数据还存在某些联系（如由若干整数构成的数组）。C 语言的数据结构以数据类型的形式体现，也就是说 C 语言中数据是有类型的，如整型数据、实型数据、整型数组类型、字符数组（字符串）类型可分别表示我们常见的整数、实数、数列、字符串。

C 语言提供的丰富的数据类型如图 2.1 所示。其中，基本类型有整型、实型、字符型，通过使用基本类型还可以构造结构体、共用体、数组、文件等导出类型。

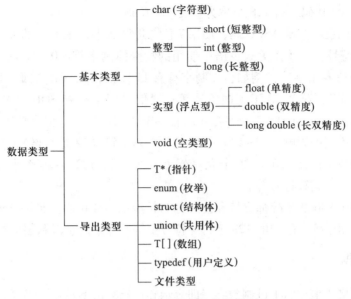

图 2.1　C 语言提供的数据类型

2.2　数据的存储

计算机不能像人那样理解无明确界限的程度性问题，比如，区别美与丑。但是计算机能做二元逻辑判断，如判断真假、对错、是否等，这是因为它只用二进制数来表示宇宙万物和一切数据。计算机的逻辑电路只有"开、关"两个状态，刚好可以使用二进制中的 1、0 来表示。计算机中所有信息都是以 1、0 存储，机器底层就是这样提供基本数据类型的抽象表示方法，而高级语言则可以进一步提供高级类型的数据表示方法。

2.2.1　字符数据

在计算机中，所有的数据在存储和运算时都要使用二进制数表示，像字母（共52个，包括大小写）a、b、c、d……以及数字 0、1、2……，还有一些常用的符号，如 *、#、@ 等，在计算机中存储时也要使用二进制数来表示，而具体用哪些二进制数表示呢？当然每个人都可以约定自己的一套规则（这就叫编码），但如果想互相通信而不造成混乱，就必须使用相同的编码规则，于是美国国家标准学会（American National Standard Institute，ANSI）就制定了 ASCII 编码，统一规定了上述常用符号分别用哪个二进制数来表示。

美国信息交换标准代码（American Standard Code for Information Interchange，ASCII）是 1967 年发布的，标准的单字节字符编码方案，用于基于文本的数据编码。它最初是美国国家标准，供不同计算机在相互通信时用作共同遵守的西文字符编码标准，现在已被国际标准化组织（International Organization for Standardization，ISO）定为国际标准，称为 ISO 646 标准，适用于所有拉丁文字字母。

ASCII 码使用指定的 7 位或 8 位二进制数组合来表示 128 种或 256 种可能的字符。前

128 个称为标准 ASCII 码，后 128 个称为扩展 ASCII 码。

标准 ASCII 码也叫基础 ASCII 码，使用 7 位二进制数来表示所有的大、小写字母，数字 0 到 9，标点符号，以及在美式英语中使用的特殊控制字符。0~31 及 127（共 33 个）是控制字符或通信专用字符，例如，控制字符有 LF（换行）、CR（回车）、FF（换页）、DEL（删除）、BS（退格）、BEL（振铃）等；通信专用字符有 SOH（文头）、EOT（文尾）、ACK（确认）等。上述 33 个字符并没有特定的图形显示，但会依不同的应用程序，而对文本显示有不同的影响。32~126（共 95 个）是字符（32 是空格），其中 48~57 为 0 到 9 十个阿拉伯数字，65~90 为 26 个大写英文字母，97~122 为 26 个小写英文字母，其余为一些标点符号、运算符号等。

目前许多基于 x86 的系统都支持和使用称为扩展的 ASCII 码。扩展 ASCII 码允许将每个字符的第 8 位用于确定附加的 128 个特殊符号字符、外来语字母和图形符号。

2.2.2　数值数据

通过二进制格式来存储十进制数字，即表示和存储数值型数据，需要解决 3 个问题。

1. 确定数的长度

在数学中，数的长度一般指它用十进制表示时的位数，如 258 为 3 位数，124 578 为 6 位数等。在计算机中，数的长度按二进制位数来计算。但由于计算机的存储容量常以字节为计量单位，所以数据长度也常按字节计算。需要指出的是，在数学中数的长度参差不一，有多少位就写多少位。在计算机中，如果数据的长度也随数而异，长短不齐，无论存储或处理都很不便，所以在同一计算机中，数据的长度常常是统一的，不足的部分用 0 填充。

2. 确定数的正负

在计算机中，总是用二进制数的最高位表示数的符号，并约定以 0 代表正数，以 1 代表负数，称为数符；其余仍表示数值。通常，把在机器内存放的正负号数码化的数称为机器数，把机器外部由正负号表示的数称为真值数。若一个数占 8 位，真值数为 -0101100，其机器数为 10101100。机器数表示的范围受到字长和数据类型的限制。字长和数据类型确定了，机器数能表示的范围也确定了，例如，表示一个整数，字长为 8 位，最大值 01111111，最高位为符号位，因此此数的最大值为 127。若数值超出 127，就要"溢出"。

3. 确定小数点的位置

在计算机中表示数值型数据，小数点的位置总是隐含的，以便节省存储空间。隐含的小数点位置可以是固定的，也可以是可变的。前者称为定点数，后者称为浮点数。

（1）定点数表示方法。

定点整数，即小数点位置约定在最低数值位的后面，用于表示整数。整数分为带符号和不带符号的两类。对于带符号的整数，符号位放在最高位。整数表示的数是精确的，但表示的数的范围有限。根据存放的字长，它们可以用 8、16、32 位等表示。

定点小数，即小数点位置约定在最高数值位的前面，用于表示小于 1 的纯小数。例如，用 16 位二进制定点数表示十进制纯小数 -0.6876，则为 -0.101100000000011，数字

−0.6876 的二进制数为无限小数，存储时只能截取前 15 位，从第 16 位开始略去。

若用两个字节来表示定点小数，则最低位的权值为 2^{-15}（在 $10^{-5} \sim 10^{-4}$ 之间），即至多精确到小数点后的第 4~5 位（按十进制计算）。这样的范围和精度，即使在一般应用中也难以满足需要。为了表示较大或较小的数，可以用浮点数表示。

（2）浮点数表示方法。

在科学计算中，为了能表示特大或特小的数，采用浮点数（或称科学表示法）表示实数。浮点数由尾数和阶码两部分组成，如 0.23456×10^5，其中，0.23456 是尾数，5 是阶码。

在浮点表示方法中，小数点的位置是浮动的，阶码可取不同的数值。为了便于计算机中小数点的表示，规定将浮点数写成规格化的形式，即尾数的绝对值大于或等于 0.1，并且小于 1，从而唯一规定了小数点的位置。尾数的长度将影响数的精度，其符号用来确定数的符号。浮点数的阶码相当于数学中的指数，其大小将决定数的表示范围。表示方法的不同决定了取值范围的不同。

2.2.3 数据编码

对于一个数，计算机要使用一定的编码方式进行存储，原码、反码和补码是机器存储一个具体数字的编码方式。在计算机中，数值数据一律用补码来存储。在学习原码、反码和补码之前，需要先了解机器数和真值的概念。

机器数是指一个数在计算机中的二进制表示形式，机器数是带符号的，比如，十进制数 +3，若计算机字长为 8 位，转换成二进制就是 00000011；如果是 −3，则是 10000011。那么，这里所说的 00000011 和 10000011 就是机器数。

因为第 1 位是符号位，所以机器数的形式值就不等于真正的数值。例如，上面的有符号数 10000011，其最高位 1 代表负，其真正数值是 −3，而不是形式值 131（10000011 转换成十进制等于 131），所以，为便于区分，将带符号位的机器数对应的真正数值称为机器数的真值，例如：

0000 0001 的真值 = +000 0001 = +1，1000 0001 的真值 = −000 0001 = −1

1. 原码

原码就是符号位加上真值的绝对值，即用第 1 位表示符号，其余位表示值，比如，如下的 8 位二进制数（其中，第 1 位是符号位）：

$$[+1]_{\text{原}} = 0000\ 0001，[-1]_{\text{原}} = 1000\ 0001$$

因为第 1 位是符号位，所以上述 8 位二进制数的取值范围就是 [1111 1111，0111 1111]，即 [−127，127]。

原码是最便于理解的表示方式。

2. 反码

反码的表示方法是：正数的反码是其本身，负数的反码是在其原码的基础上，符号位不变，其余各位取反。例如：

$$[+1] = [00000001]_{\text{原}} = [00000001]_{\text{反}}$$

$$[-1]=[10000001]_原=[11111110]_反$$

可见，如果一个反码表示的是负数，则无法直观地看出它的数值，通常要将其转换成原码再计算。

3. 补码

补码的表示方法是：正数的补码就是其本身，负数的补码是在其原码的基础上，符号位不变，其余各位取反，最后加1，即在反码的基础上加1。例如：

$$[+1]=[00000001]_原=[00000001]_反=[00000001]_补$$
$$[-1]=[10000001]_原=[11111110]_反=[11111111]_补$$

对于负数，用补码表示也是无法直观看出其数值的，通常也需要先将其转换成原码再进行计算。

2.3 数据在程序中的表示

常量和变量是程序中数据的表现形式，是计算机程序处理的对象。

2.3.1 常量

在程序的运行过程中，其值不能改变的量称为常量，常量分为直接常量和符号常量。

微视频2.2：
常量与变量

1. 直接常量

直接常量是指能直接表达值的常量，又称为字面常量，如12、0、-3。直接常量有确定的类型，例如，12、0、-3为整型常量，4.6、-1.23为实型常量，'a'、'd'为字符型常量。

2. 符号常量

C语言中，可以用一个标识符来表示一个常量，这个标识符称为符号常量。符号常量在使用之前必须先定义，其一般形式为：

```
#define 标识符 常量
```

其中，#define是一条预处理命令（预处理命令都以"#"开头），又称为宏定义命令（在后面预处理程序中将进一步介绍），其功能是把该标识符定义为其后的常量值。一经定义，以后在程序中所有出现该标识符的地方均用该常量值代替。

习惯上，符号常量的标识符用大写字母表示，变量标识符用小写字母表示，以示区别。例如，下述语句用于定义符号常量PI的值为3.1416：

```
#define PI 3.1416
```

使用符号常量的优点是见名知意、修改方便，当要修改常量的取值时，只需要修改符号常量的值即可。

【例2.1】 计算半径为 10 的圆的面积的程序示例。

```
#define PI 3.14
main( )
{
    float area;
    area = 10 * 10 * PI;
    printf("area=%f\n", area);
}
```

程序运行结果为

```
area=314.000000
```

此程序只能计算半径为 10 的圆的面积，半径为任意值的圆的面积如何计算呢？见下述程序。

【例2.2】 计算半径为任意值的圆的面积的程序示例。

```
#define PI 3.14
main( )
{
    float r, area;
    scanf("%f", &r);
    area = r * r * PI;
    printf("area=%f\n", area);
}
```

这个程序中增加了一条语句 "#define PI 3.14"，程序运行时会要求用户输入一个数值作为半径值，这样就能随用户输入的不同而计算不同半径的圆的面积，也就是说半径是可变化的，在这个程序中引入了变量。

2.3.2 变量

在程序的运行过程中，其值可以改变的量称为变量。

变量是程序中要处理的主要数据。在机器底层通过存储单元的地址来访问数据，在高级语言程序中不需考虑地址，但要把握好变量名（用标识符表示）、变量在内存中占据的存储单元、变量值三者之间的关系。如图 2.2 所示。

变量名在程序运行过程中不会改变，变量的值可以改变。变量名遵守标识符准则。C 语言中变量必须"先定义，后使用"。也就是说，C 语言要求对所有用到的变量做强制定义。

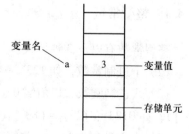

图 2.2 变量名、存储单元、变量值

　　只有定义过的变量才可以在程序中使用，这样可以较容易地发现变量名的拼写错误。定义的变量属于确定的类型，编译系统可方便地检查对该变量所进行的运算是否合法。

　　另外，在编译时将根据变量类型为变量分配存储空间，因此"先定义，后使用"可以提高程序运行效率。

　　变量的定义出现在程序体的说明部分，操作语句出现在数据说明之后。

　　定义变量的语句格式为：

　　数据类型名 变量名表；

　　例如：

　　int x, y, z=1;

　　变量名表是用逗号分隔的同一类型的多个变量标识符，在定义变量的同时可以给变量指定初值，如 z=1。当不给定义的变量赋初值时，它的值是随机的，直接使用会产生错误的结果。

　　在实际编程时，经常出现下面程序段所示的错误：

```
int x, y, z;
z=1;
int a, b;
```

　　其中，"z=1;"为赋值语句，不能放在数据定义语句"int a,b;"之前。

　　定义变量时不能连续赋值，如"int a=b=0;"。

　　在程序的执行过程中，变量的值可能发生变化，一般保留其最后的结果。例如：下述代码保留 z 最后的结果，即 z 的值变为 2。

```
int x, y, z=1;
x=z;
y=x+z;
z=y;
```

2.4　整型数据

2.4.1　整型常量

　　整型常数有以下 3 种形式：

　　(1) 十进制常数，如 123、-456、0。

　　(2) 八进制常数，以前缀 0（零）开头，后面紧跟几个整数（范围为 0~1），如 $0123=(123)_8=(83)_{10}$，$-011=(-11)_8=(-9)_{10}$。

　　(3) 十六进制常数，以前缀 0X 或 0x 开头，后面紧跟几个整数或字

微视频 2.3：
整型数据

母（范围为 0~9，A~F），如 0x123＝(291)$_{10}$，−0x12＝(−18)$_{10}$。

整型常量后可以用后缀 u 或 U 明确说明其为无符号整型数，用后缀 l 或 L 明确说明其为长整型数，如 358u、0x38Au、235Lu 均为无符号数。在 16 位字长的计算机中，基本整型的长度也为 16 位，因此表示的数的范围也是有限的。十进制无符号整型常数的范围为 0~65 535，有符号整型常数的范围为−32 768~+32 767。八进制无符号数的表示范围为 0~0 177 777。十六进制无符号数的表示范围为 0X0~0XFFFF 或 0x0~0xFFFF。如果使用的数超过了上述范围，就必须用长整型数来表示。长整型数是用后缀 L 或 l 来表示的。如十进制长整型常数：158L（十进制为 158）、358 000L（十进制为 358 000）；八进制长整型常数：012L（十进制为 10）、077L（十进制为 63）、0200000L（十进制为 65 536）；十六进制长整型常数：0X15L（十进制为 21）、0XA5L（十进制为 165）、0X10000L（十进制为 65 536）。

长整型数 158L 和基本整型常数 158 在数值上并无区别。但对于 158L，因为是长整型量，C 编译系统将为它分配 4 个字节存储空间。而对于 158，因为是基本整型量，只分配 2 个字节的存储空间。因此在运算和输出格式上要予以注意，避免出错。

前缀、后缀可同时使用以表示各种类型的数。如 0XA5Lu 表示十六进制无符号长整型数 A5，其十进制值为 165。

2.4.2 整型变量

整型变量的基本类型符为 int。通过加上修饰符，可定义更多的整型数据类型。

1. 根据表达范围分类

整型变量根据表达范围可以分为：基本整型（int）、短整型（short int）、长整型（long int）。用长整型可以表示大范围的整数，但同时会降低运算速度。

2. 根据是否有符号分类

整型变量根据是否有符号可以分为：有符号（signed，默认），无符号（unsigned）。用无符号数目的是扩大表示范围，在有些情况下只需要用正整数。有符号整型数的存储单元的最高位是符号位（0 正、1 负），其余为数值位。无符号整型数的存储单元中全部二进制位用于存放数值本身而不包含符号。

整型变量的定义格式为：

数据类型名 变量名表；

【例 2.3】变量定义程序示例。

```
main( )
{
    int a, b, c, d;
    unsigned u;
    a＝12; b＝−24;  u＝10;
```

```
    c=a+u;  d=b+u;
    printf("%d,%d\n", c, d);
}
```

程序输出结果为:

```
22,-14
```

【注意】定义和使用变量时要注意以下几点:

① 定义变量时，可以用一条语句定义多个相同类型的变量。各个变量用 ","分隔。类型说明与变量名之间至少有一个空格间隔。

② 最后一个变量名之后必须用 ";"结尾。

③ 定义变量必须在使用变量之前。

④ 可以在定义变量的同时，对变量进行初始化。

【例 2.4】定义变量同时初始化变量程序示例。

```
main()
{
    int a=3, b=5;
    printf("a+b=%d\n", a+b);
}
```

2.4.3　整型数据的存储与溢出

整型数据在内存中以二进制形式存放，事实上以补码形式存放。正数的补码和原码相同，负数的补码是先将该数的绝对值的二进制形式按位取反再加 1。例如，-10 的补码可以按以下方法求得:10 的原码(按 8 位)是 00001010，取反得 11110101，再加 1，得-10 的补码是 11110110，由此可知，左侧的第 1 位是符号位，用来表示符号。

当用整型数最大允许值加 1，或用最小允许值减 1 时，会出现什么情况?见下述示例。

【例 2.5】整型数据溢出程序示例。

```
#define MAXINT 32767
main()
{
    int a, b;
    a= MAXINT;
    b=a+1;
    printf("\na=%d,a+1=%d\n", a, b);
    a=- MAXINT-1;
    b=a-1;
```

```
    printf("\na=%d,a-1=%d\n", a, b);
  }
```

在 Turbo C 环境下输出结果为：

```
a=32767,a+1=-32768
a=-32768,a-1=32767
```

这说明执行程序后，32767+1 变成-32768，-32768-1 变成 32767。

这种情况表明，计算结果超出了该类型数据允许的范围，这种超出数据范围的现象称为"溢出"，运行程序时，发生"溢出"不会报错。

而在 Visual C++环境下，结果会不同。先看下面的程序：

```
main()
{
    short int a;
    int b;
    long int c;
    unsigned int d;
    printf("%d,%d,%d,%d\n", sizeof(a), sizeof(b), sizeof(c), sizeof(d));
}
```

在 Visual C++下的运行结果为：

```
2,4,4,4
```

其中，sizeof()是系统函数，返回变量所占的存储字节数，因此，短整型占两个字节，其范围是-32 768~32 767，基本整型和长整型范围都是-2 147 483 648~2 147 483 647 即（-2^{31}~$2^{31}-1$），无符号整数范围是 0~4 294 967 295。把例 2.5 程序中的常数定义语句改为"#define MAXINT 2147483647"，则会得到如下结果：

```
a=2147483647,a+1=-2147483648
a=-2147483648,a-1=2147483647
```

【思考】在程序中使用 short int a 与 short a 等价吗？通过实验去验证一下吧！

微视频 2.4：
实型数据

2.5 实型数据

2.5.1 实型常量

在 C 语言中，实数只采用十进制表示，它有两种形式：小数形式、指数形式。

（1）小数形式：由数字、小数点组成（必须有小数点），例如，.123、123.、123.0、0.02。

（2）指数形式：格式为 aEn，例如，123e3、123E3 都是实数的合法表示。

【注意】 字母 e 或 E 之前必须有数字，e 后面的指数必须为整数，例如，e3、2.1e3.5、.e3、e 都不是合法的指数形式。

程序用指数形式输出数据时按规范化的形式输出。规范化指数形式的格式为：在字母 e 或 E 之前是一个小数，小数点左侧应当有且只有一位非 0 数字。例如，2.3478e2、3.0999E5、6.46832e12 都属于规范化的指数形式。

实型常量都是双精度，如果要指定它为单精度，可以加后缀 f（实型数据类型参看实型变量部分的说明）。

2.5.2　实型变量

实型变量分为：单精度（float）、双精度（double）、长双精度（long double）。

ANSI C 没有规定每种数据类型的长度、精度和数值范围。不同的系统会有差异。在 Turbo C 中，单精度型占 4 个字节（32 位）内存空间，其数值范围为 3.4E-38～3.4E+38，只能提供 7 位有效数字。双精度型占 8 个字节（64 位）内存空间，其数值范围为 1.7E-308～1.7E+308，可提供 16 位有效数字。在 Visual C++环境下，单精度型占 4 个字节（32 位）内存空间，双精度型及长双精度型占 8 个字节（64 位）内存空间。

对于每一个实型变量也必须先定义后使用，例如：

```
float x, y;
double z;
long double t;
```

2.5.3　实型数据的存储和舍入误差

用户可以对比整型数据的溢出来认识实型数据的存储和舍入误差。

一个实型数据一般在内存中占 4 个字节（32 位）。与整数数据存储方式不同，实型数据按照指数形式存储。系统将实型数据分为小数部分和指数部分分别存放，如图 2.3 所示。

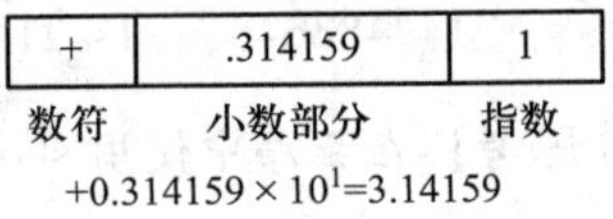

+	.314159	1
数符	小数部分	指数

$+0.314159 \times 10^1 = 3.14159$

图 2.3　实型数据在内存中的存放形式

标准 C 没有规定用多少位表示小数部分，用多少位表示指数部分，由 C 编译系统自定。如很多编译系统用 24 位表示小数部分，8 位表示指数部分。小数部分占的位数越多，实型数据的有效数字就越多，精度就越高；指数部分占的位数越多，则表示的数值范围就越大。

【思考】 如何用两位二进制表示小数 0.5 和 0.52？

实型变量用有限的存储单元存储数据，因此提供的有效数字位数有限，在有效位以外的数字将被舍去，由此可能会产生一些误差。

【例 2.6】 实型数据舍入误差程序示例。

```
main( )
{ float a, b;
  a=123456.789e8;
  b=a+20;
  printf("a=%f,b=%f\n", a, b);
  printf("a=%e,b=%e, %d\n", a, b, a==b);
}
```

在 Visual C++环境下的运行结果是：

a=12345679020032.000000,b=12345679020052.000000
a=1.234568e+013,b=1.234568e+013,1

上述结果中最后的 1 表示 a==b，即对 a 是否等于 b 的判断结果为真，也就是表示两数相等。

由例 2.6 可以得到以下结论：由于实数存在舍入误差，使用时不要试图用一个实数去精确地表示一个大整数，即浮点数可能是不精确的。对实数一般不判断是否"相等"，而是判断是否"接近或近似"。程序中要避免直接将一个很大的实数与一个很小的实数相加、相减，因为这样会"丢失"小的数。在应用时应根据要求选择单精度、双精度类型。

【思考】 若将 a、b 定义为 double 类型，程序运行结果还一样吗？为什么？

【例 2.7】 根据精度要求，选择实数类型程序示例。

```
main( )
{
  float a;
  double b;
  a=1234567.890123456;
  b=1234567.890123456;
  printf("a=%f, b=%f\n", a, b);
}
```

程序运行结果为：

a=1234567.875000, b=1234567.890123

2.6 字符型数据

微视频 2.5：
字符型数据

2.6.1 字符常量

字符常量是用两个单引号（'）括起来的一个字符。字符常量主要用以下几种形式表示：

① 可显示的字符常量直接用单引号括起来，如'a' 'x' 'D' '?'和'$'等都是字符常量。

② 所有字符常量（包括可显示的和不可显示的）均可以使用字符的转义表示法表示。

转义表示的格式为：'\ddd' 或 '\xhh'，其中，ddd、hh 是字符的 ASCII 码，ddd 为 1~3 位八进制数、hh 为 1~2 位十六进制数。注意：不可写成 '\0xhh' 或 '\0ddd'。

③ 预先定义的一部分常用的转义字符，如' \ n' 表示换行，' \ t'表示水平制表符。

2.6.2 字符变量

字符变量用来存放字符数据，只能存放 1 个字符。所有编译系统都规定以 1 个字节来存放 1 个字符，或者说，1 个字符变量在内存中占 1 个字节。

字符数据在内存中用字符的二进制 ASCII 码存储。字符数据以 ASCII 码存储的形式与整数的存储形式类似，这使得字符型数据和整型数据之间可以通用，即字符型数据可以当作整型量。具体表现为：

① 可以将整型量赋值给字符变量，也可以将字符量赋值给整型变量。

② 可以对字符数据进行算术运算，相当于对它们的 ASCII 码值进行算术运算。

③ 一个字符数据既可以按字符形式输出（ASCII 码对应的字符），也可以按整数形式输出（直接输出 ASCII 码）。

【注意】尽管字符型数据和整型数据之间可以通用，但是字符型数据只占 1 个字节，即如果作为整数使用，要注意其范围为 0~255（无符号）或-128~127（有符号）。

【例 2.8】给字符变量赋以整数，即字符型、整型数据通用程序示例。

```
main( )                        /＊字符'a'的各种表达方法＊/
{
    char c1 = 'a';
    char c2 = '\x61';          /＊note:'\x..'  '\...'＊/
    char c3 = '\141';
    char c4 = 97;
    char c5 = 0x61;            /＊note:0x..,0...＊/
    char c6 = 0141;
    printf(" \nc1 = %c,c2 = %c,c3 = %c,c4 = %c,c5 = %c,c6 = %c \n", c1, c2, c3, c4,
c5, c6);
    printf(" c1 = %d,c2 = %d,c3 = %d,c4 = %d,c5 = %d,c6 = %d\n", c1, c2, c3, c4, c5,
c6);
}
```

程序运行结果为：

```
c1 = a,c2 = a,c3 = a,c4 = a,c5 = a,c6 = a
c1 = 97,c2 = 97,c3 = 97,c4 = 97,c5 = 97,c6 = 97
```

程序执行过程为：整型数→机内表示（2 个或 4 个字节）→取低 8 位赋值给字符变量。

【例 2.9】大小写字母转换程序示例。

```
main( )
{
    char c1, c2, c3;
    c1 = 'a';
    c2 = 'b';
    c1 = c1 - 32;
    c2 = c2 - 32;
    c3 = 130;
    printf("\n%c %c %c\n", c1, c2, c3);
}
```

程序运行结果为：

A B ?

在 ASCII 码表中，小写字母比对应的大写字母的 ASCII 码大 32，从本例还可以看出允许字符数据与整数直接进行算术运算，运算时字符数据用 ASCII 码值参与运算。

2.6.3　字符串常量

字符串常量是一对双引号（" "）括起来的字符序列，如："How dow you do?" "CHINA" "a" "$123.45"。

【注意】使用字符串常量时要注意以下两点：

① 要区分字符常量与字符串常量，如"a"和'a'。

C 语言规定：字符串存储时，要在每个字符串的末尾加一个"字符串结束标志"，以便系统用来判断字符串是否结束。C 语言规定用'\0'（ASCII 码为 0 的字符）作为字符串结束标志。例如，"CHINA" 在内存中的存储占 6 个字节，如图 2.4 所示。

C	H	I	N	A	\0

图 2.4　字符串的存储

② 不能将字符串赋给字符变量。

C 语言没有专门的字符串变量，如果想将一个字符串存放在变量中，可以使用字符数组。即用一个字符数组来存放一个字符串，数组中每一个元素存放一个字符。

习题和实验

一、习题

1. 熟悉 Visual C++开发环境，并验证本章中的例子。

2. 设计程序，查看各种数据类型的数据所占字节数。

3. 填空并用程序验证：0123 = (   )$_{10}$，0x123 = (   )$_{10}$，0Xff = (   )$_{10}$。

4. 运行下列程序，理解转义符的含义。

```
main( )
{
    printf( "\101 \x42 C\n" ) ;
    printf( "I say:\"How are you? \"\n" ) ;
    printf( "\\C Program\\\n" ) ;
    printf( "Visual \'C++\'" ) ;
}
```

5. 单选题。

（1）以下各项中，不能作为合法常量的是（   ）。

    A. 1.234e04   B. 1.234e0.4   C. 1.234e+4   D. 1.234e0

（2）以下各项中，符合 C 语言语法规定的实型常量的是（   ）。

    A. 1.2E0.5   B. 3.14.159E   C. .5E-3   D. E15

（3）以下各项中，可作为 C 语言中合法整数的是（   ）。

    A. 10110B   B. 0386   C. 0Xffa   D. x2a2

二、实验

进入 Visual C++环境，按下表要求，填写正确代码和调试过程。

源代码	正确代码及调试过程记录

1. 调试、执行下述程序。
`main( )`
`{`
`  char c1 = "a" ;`
`  char c2 = 'x61', c3, c4;`
`  c3 = 55;`
`  int x = 178;`
`  c4 = x;`
`  printf( "%c%c%c%c", c1, c2, c3, c4);`
`}`	

2. 调试、执行下述程序。
`main( )`
`{`
`  char a, b;`
`  a= 127;`
`  b=a+1;`
`  printf( "\na=%d, a+1=%d\n", a, b);`
`  a=-128;`
`  b=a-1;`
`  printf( "\na=%d, a-1=%d\n", a, b);`
`}`	

源代码	正确代码及调试过程记录

3. 下面的程序执行结果与上面的有何区别？为什么？
 	
``
main( )
{
  char a;
  a= 127;
  printf("\na=%d, a+1=%d\n", a, a+1);
  a=-128;
  printf("\na=%d, a-1=%d\n", a, a-1);
}
``	

4. 调试、执行下述程序。
 	
``
main( )
{
  int a=-10;
  printf("\na=%X\n", a);
}
``	

5. 调试、执行下述程序。
 	
``
main( )
{
  int a;
  char ch='3'
  a=ch-'0'
  printf("\na=%d\n", a);
}
``	

第 3 章

运算符和表达式

狭义的运算符是表示各种运算的符号。使用运算符将常量、变量、函数连接起来，即可构成表达式。每个表达式都有一个值及其类型，它们分别是计算表达式所得结果的值和值的类型。对表达式求值时，要按运算符的优先级和结合性规定的顺序进行。

C 语言提供的运算符非常丰富，范围很宽，它几乎把控制和输入输出语句以外所有的基本操作都当作运算符处理，所以 C 语言运算符也可以看作是操作符。用 C 语言丰富的运算符可以构成功能强大的表达式。

单个的常量、变量、函数可以看作是表达式的特例。

在 C 语言中除了提供一般高级语言的算术、关系、逻辑运算符外，还提供赋值运算符、位操作运算符、自增自减运算符等，甚至还提供数组下标、函数调用等运算符。

3.1 算术运算符及算术表达式

算术运算是最常用的运算，高级语言的算术运算与普通数学中的运算有一定的差异，应注意区别。

微视频 3.1:
表达式

3.1.1 算术运算符

C 语言的算术运算符有以下几种：

① +：加法运算符，如 3+5。

② −：减法运算符或负值运算符，如 5-2，−3。

③ *：乘法运算符，如 3 * 5。

④ /：除法运算符，如 5/3，5.0/3。

⑤ %：模运算符或求余运算符，如 7%4 的值为 3。

⑥ ++：自增 1。

⑦ −−：自减 1。

微视频 3.2:
算术表达式

除了负值运算符是单目运算符外，其他都是双目运算符。

如果参加+、−、*、/运算的两个数有一个为实数，则运算结果为 double 型，因为所有实数都按 double 型进行运算。

用求余运算符%进行运算时，要求两个操作数均为整型，运算结果为两数相除所得的余数。求余也称为求模。一般情况下，余数的符号与被除数符号相同，例如，-8%5=-3，8%-5=3。

两个数相除，如果这两个数都是整数，所得的结果是商的整数部分；如果有一个是实数，则结果的类型为实数型。

【例3.1】算术运算符应用程序示例。

```
main( )
{
  printf(" \n\n%d, %d\n", 5/3, -5/3);
  printf("%f, %f\n", 5.0/3, -5.0/3);
}
```

程序运行结果为：

```
1,-1
1.666667,-1.666667
```

本例中，5/3和-5/3的结果均为整型，小数全部舍去。而5.0/3和-5.0/3由于有实数参与运算，因此结果为实型。

自增、自减运算符的作用是使变量的值增1或减1。例如，++i(--i)的作用是，在使用i之前，先使i的值加1（减1）；i++(i--)的作用是，在使用i之后，使i的值加1（减1）。

粗略地看，++i和i++的作用都相当于i=i+1。但++i和i++不同之处在于++i是先执行i=i+1后，再使用i的值；而i++是先使用i的值后，再执行i=i+1，例如，如果i的原值等于3，则执行下面的赋值语句：

```
j1=++i;
j2=i++;
```

对于前者，i的值先变成4，再赋给j1，j1的值为4；对于后者，先将i的值3赋给j2，j2的值为3，然后i变为4。又如：

```
i=3;
printf("%d",++i);
```

输出结果为4。若改为：

```
printf("%d",i++);
```

则输出结果3。

【注意】自增运算符（++）和自减运算符（--），只能用于变量，不能用于常量或表达式。例如，5++或(a+b)++都是不合法的，因为5是常量，常量的值不能改变；(a+b)++也不可能实现，假如a+b的值为5，那么自增后得到的6存放在什么地方呢？无变量可供

存放。

3.1.2 算术表达式

用算术运算符和括号将运算对象（也称操作数）连接起来的、符合 C 语法规则的式子，称为算术表达式。运算对象可以是常量、变量、函数等，如下面的式子就是一个合法的 C 算术表达式：

> a * b/c−1.5+'a'

C 语言算术表达式的书写形式与数学表达式的书写形式有一定的区别：

（1）表达式一律要线性书写，如(a+b)/(c+d)，C 语言算术表达式不允许使用分子分母的形式。

（2）C 语言算术表达式的乘号（*）不能省略，如数学式 b^2-4ac 相应的 C 表达式应该写成 b * b−4 * a * c。

（3）C 语言表达式中只能出现字符集允许的字符，如数学中 πr^2 相应的 C 表达式应该写成 PI * r * r（其中 PI 是已经定义的符号常量）。

（4）C 语言算术表达式只使用圆括号改变运算的优先顺序（不允许使用{}[]）。可以使用多层圆括号，而且左右括号必须配对，运算时从内层括号开始，由内向外依次计算表达式的值。

C 语言系统提供了丰富的常用数学函数，如 abs(x)返回 x 的绝对值，exp(x)返回 e^x 的值，log(x)返回自然对数 ln x 的值，log10(x)返回以 10 为底的对数 $\log_{10} x$ 的值，pow(x,y)计算 x^y 的值，sin(x)返回 x 的正弦值，cos(x)返回 x 的余弦值，sqrt(x)返回 x 的平方根……。更多的函数可查阅相关手册。

调用数学函数时，在主程序前应加上预编译命令 "#include<math.h>"。

【例 3.2】已知：float a=2.0；int b=6，c=3，求：a * b/c−1.5+'A'+abs(−5)=？

【解】a * b=12.0,12.0/3=4.0,4.0−1.5=2.5,2.5+65=67.5,67.5+5=72.5。

3.1.3 数据类型转换

在编程时，经常会遇到一个表达式中既有整型数据，又有实型数据的情况，不同类型的常量和变量在表达式中混合使用时需要转换为同一类型。C 语言中有两种类型转换。

1. 自动类型转换

运算时不需要用户指定，系统自动进行类型转换，如 3+6.5。自动转换发生在有不同数据类型的量混合运算时，由编译系统自动确定。自动转换遵循以下规则：

（1）若参与运算量的类型不同，则先转换成同一类型，然后进行运算。

（2）转换按数据长度增加的方向进行，以保证精度不降低，如 int 型的量和 long 型的量运算时，先把 int 型的量转成 long 型的量后再进行运算。

（3）所有的浮点运算都以双精度形式进行，即使表达式中仅含 float 单精度量，也要先转换成 double 型，再作运算。

（4）char 型和 short 型的量参与运算时，必须先转换成 int 型的量。

2. 强制类型转换

当自动类型转换不能实现目的时，可以用强制类型转换符进行转换，其一般形式为：

（类型名）（表达式）

利用强制类型转换运算符可以将一个表达式转换成所需类型，例如：

（double）a	#将 a 转换成 double 型
（int）（x+y）	#将 x+y 的值转换成整型
（float）（5%3）	#将 5%3 的值转换成 float 型

例如，在取模运算时，%运算符要求其两侧均为整型量，若 x 为 float 型，则 "x%3" 运算不合法，这时必须使用 "（int）x%3"。强制类型转换运算优先于%运算，因此先进行 （int）x 运算，得到一个整型的中间变量，然后再用 3 取模。此外，在函数调用时，有时为了使实参与形参（实参与形参的概念在后面详细介绍）类型一致，可以用强制类型转换运算符得到一个所需类型的参数。

【注意】对表达式的值进行类型转换时，应该用括号把表达式括起来。如果写成 "（int）x+y"，则只将 x 转换成整型，然后将其与 y 相加。

【例 3.3】强制类型转换应用程序示例。

```
main( )
{
    double x = 3.678966;
    int i = 10;
    printf("%f,%d,%d,%f",(double)(x*i),(int)x,i%(int)x,x);
}
```

程序运行结果为：

36.789660,3,1,3.678966

x 仍为 double 型的量，值仍等于 3.678967。

从例 3.3 可以看出，在强制类型转换时，得到一个所需类型的中间变量，原来变量的类型未发生变化。x 的原类型为 double 型，进行强制类型运算后得到一个 int 型的中间变量，它的值等于 x 的整数部分，而 x 的类型不变（仍为 double 型）。

【注意】不要将例 3.3 中的（int）x 写成 int（x）。

3.2　运算符的优先级与结合性

C 语言规定了表达式求值过程中各运算符的优先级与结合性。

1. 优先级

在表达式中，优先级较高的先于优先级较低的进行运算。44 个运算符的优先级如下，从上到下优先级依次降低：

① 初等运算符（4 个）：()、[ ]、->（指向结构体成员）、.（后跟结构体成员）。

② 单目运算符（9 个）：!、~、++、--、-（表示负号）、（类型）、*（表示指针）、&（表示取地址）、sizeof（表示长度）。上述的"（类型）"表示强制类型转换。

③ 算术运算符（5 个）：*、/、%、+、-（表示减号）。

④ 位移运算符（2 个）：<<、>>。

⑤ 关系运算符（6 个）：<、<=、>、>=、==（表示等于）、!=（表示不等于）。

⑥ 位逻运算符（3 个）：&（表示按位与）、^（表示按位异或）、|（表示按位或）。

⑦ 逻辑运算符（2 个）：&&（表示逻辑与）、||（表示逻辑或）。

⑧ 条件运算符（1 个）：?:。

⑨ 赋值运算符（11 个）：=、+=、-=、*=、/=、%=、>>=、<<=、&=、^=、|=。

⑩ 逗号运算符（1 个）：, 。

在编写包含多个运算符的表达式时，应当注意各个运算符的优先级，确保表达式中的运算符能以正确的顺序参与运算。对于复杂表达式，为了清晰起见，可以加圆括号"( )"强制规定计算顺序。

2. 结合性

当一个运算量两侧的运算符优先级相同时，则按运算符的结合性所规定的结合方向处理：对于左结合性（结合方向自左向右），运算对象先与左侧的运算符结合；对于右结合性（结合方向自右向左），运算对象先与右侧的运算符结合。

结合方向自右向左的只有 3 类：赋值、单目和三目，其他都是自左向右。

++和--的结合方向是"自右向左"。算术运算符的结合方向为"自左向右"，这是大家熟知的。如果有-i++，i 的左侧是负号运算符，右侧是自加运算符。假设 i 的原值等于 3，若按左结合性，相当于(-i)++，而(-i)++是不合法的，因为对表达式不能进行自加自减运算。负号运算符和"++"运算符同优先级，而结合方向为"自右向左"（右结合性），即它相当于-(i++)，执行 printf("%d",-i++)语句，则先取出 i 的值 3，输出-i 的值 -3，此表达式计算后，i 的值变为 4。

【注意】-(i++)是先用 i 的原值 3 加上负号输出-3，再对 i 加 1，不要认为 i 是先加完 1 后再加负号，输出-4，这是不对的。但如果执行 printf("%d",-++i)语句，则输出结果为-4。

3.3　赋值运算符和赋值表达式

3.3.1　赋值运算符

简单赋值运算符记为"＝"，由"＝"连接的式子称为赋值表达式。
其一般形式为：

微视频 3.3:
赋值表达式

变量＝表达式

例如：

x＝a+b
w＝sin(a)+sin(b)
y＝i+++−−j

赋值表达式的功能是计算表达式的值，再将计算得到的值赋予左侧的变量。赋值运算符具有右结合性，因此 a=b=c=5 可理解为 a=(b=(c=5))。

在其他高级语言中，赋值构成了一个语句，称为赋值语句，而在 C 语言中，把"＝"定义为运算符，从而组成赋值表达式。凡是可以出现表达式的地方均可出现赋值表达式。赋值表达式的值为最前面变量的值。

如式子"x=(a=5)+(b=8)"是合法的，它的意义是把 5 赋予 a，8 赋予 b，再把 a、b 相加的和赋予 x，故 x 应等于 13，而整个表达式的值为 13。

在 C 语言中也可以组成赋值语句，按照 C 语言规定，任何表达式在末尾加上分号就构成为语句，例如，"x=8;""a=b=c=5;"都是赋值语句，在前面各例中我们已大量使用过了。

3.3.2　类型转换

如果赋值运算符两侧的数据类型不相同，系统将自动进行类型转换，即把赋值号右侧的类型换成左侧的类型。当右侧值的数据类型长度比左侧长时，将丢失一部分数据，这样会降低精度，丢失的部分按四舍五入向前舍入。

类型转换的具体规定如下：

① 实型赋予整型，舍去小数部分，前面的例子已经说明了这种情况。

② 整型赋予实型，数值不变，但将以浮点形式存放，即增加小数部分（小数部分的值为0）。

③ 字符型赋予整型，由于字符型长度为一个字节，而整型长度为 2 个字节，故将字符的 ASCII 码值放到整型量的低八位中，高八位为 0。

④ 整型赋予字符型，只把低八位赋予字符量。

【例 3.4】赋值运算中类型转换应用程序示例。

```
main()
{
```

```
int a, b = 322;
float x, y = 8.88;
char c1 = 'k', c2;
a = y;
printf("%d,", a);
x = b;
a = c1;
c2 = b;
printf("%f, %d, %c", x, a, c2);
}
```

程序运行结果为:

8,322.000000,107,B

例 3.4 表明了前面所说的赋值运算中类型转换的规则。a 为整型,赋予实型量 y 值 8.88 后只取整数 8。x 为实型,赋予整型量 b 值 322,后面增加了小数部分。字符型量 c1 赋予 a 变为整型,整型量 b 赋予 c2 后取其低八位成为字符型(b 的低八位为 01000010,即十进制 66,按 ASCII 码对应字符 B)。

3.3.3　复合的赋值运算符

在赋值符 "=" 之前加上其他双目运算符可构成复合赋值符,如 + =、- =、* =、/ =、% =、<<=、>>=、& =、^=、| =。

构成复合赋值表达式的一般形式为:

变量 双目运算符=表达式

它等价于:

变量=变量 运算符 表达式

例如:

```
a+=5       等价于   a=a+5
x*=y+7     等价于   x=x*(y+7)
r%=p       等价于   r=r%p
```

初学者可能不习惯复合赋值符这种表示方法,但它十分有利于编译处理,能提高编译效率并产生质量较高的目标代码。

3.4　逗号运算符和逗号表达式

在 C 语言中英文逗号也是一种运算符,称为逗号运算符,其功能是把两个表达式连接起来组成一个表达式，称为逗号表达式。一般形式为：

（表达式 1，表达式 2）

其求值过程是分别求表达式 1、表达式 2 的值，并以表达式 2 的值作为整个逗号表达式的值。

【例 3.5】分析下述程序的运行结果。

```
main( )
{
    int a=2, b=4, c=6, x, y;
    y=(x=a+b, b+c);
    printf("y=%d, x=%d", y, x);
}
```

程序运行结果为：

y=10,x=6

本例中，y 等于整个逗号表达式的值，也就是表达式 2 的值，x 是第一个表达式的值。
对于逗号表达式还要说明两点：

（1）逗号表达式一般形式中的表达式 1 和表达式 2 也可以是逗号表达式。例如：

（表达式 1,（表达式 2,表达式 3））

因此可以把逗号表达式扩展为以下形式：

（表达式 1,（表达式 2,（…,（表达式 $n-1$,…,表达式 n）…）））

则整个逗号表达式的值等于"表达式 n"的值。

（2）在程序中使用逗号表达式，通常是要分别求逗号表达式中各表达式的值，并不一定要求整个逗号表达式的值。由多个逗号分隔的表达式的运算顺序从左至右。

并不是在所有出现逗号的地方都组成逗号表达式，如在变量说明中，函数参数表中的逗号只是用作各变量之间的间隔符，运算顺序从右至左。

如果去掉例 3.5 语句"y=（x=a+b,b+c）;"中的括号，则程序变为：

```
main( )
{
    int a=2, b=4, c=6, x, y;
    y=x=a+b, b+c, 11;
    printf("y=%d,x=%d", y, x);
}
```

由于去掉括号后，"y=x=a+b,b+c;"不再是由赋值表达式构成的语句，而成了由逗号表达式构成的语句，因此程序运行结果变为：

y = 6 , x = 6

3.5　位　运　算

在计算机内部，数据的存储、运算都以二进制形式进行。汇编语言有位运算功能，创立 C 语言最初是为了编写系统软件，所以 C 语言提供了位运算，位运算就是针对二进制位的运算。

位运算的操作对象一般是整型量或字符型量。

可以进行位运算体现了 C 语言具有低级语言特性，这使得 C 语言比其他高级语言优越，因此 C 语言程序能广泛应用于对底层硬件、外围设备的状态检测和控制。

基本位运算符有以下 6 种：

① ~：按位取反，是一个单目运算符，用于对一个二进制数按照位取相反的数值。

② <<：左移，将一个数的二进制位全部左移若干位，对于移动后空出的位，用 0 来补充。

③ >>：右移，将一个数的二进制位全部右移若干位，对于移动后空出的位，可以用 0 或 1 来补充，具体根据情况而定。

④ &：按位与，将其两侧的运算对象的对应位逐一进行按位逻辑与运算。

⑤ ^：按位异或，若参加运算的两个二进制位相同，则为假，不相同为真。

⑥ |：按位或，将其两侧的运算对象的对应位逐一进行按位逻辑或运算。

上述位运算符的优先级从上往下由高到低，结合性除按位取反为从右到左外，其余为从左到右。

位运算与赋值运算可以组成复合赋值运算符，如 & = 、|= 、>> = 、<< = 、^= ，运算规则和前面的规则一致。

【例 3.6】分析下述程序的运行结果。

```
main( )
{ unsigned char a , b ;
    a = 7^3 ;     b = ~4 & 3 ;
    printf( "%d %d\n" ,a,b);
}
```

在进行运算时要将十进制数转换为二进制数，即将 a = 7^3 转换为 a = 111^011 = 100，将 b = ~4&3 转换为 b = ~100&011 = 011&011 = 011，所以程序运行结果为：

4,3

【例 3.7】输入任意一个十六进制整数 a，取右端开始的 5~8 位，例如，输入 f5，取 f 或 15，进行下述运算。

① a >>4，用于将 a 右移 4 位。

② ~（~0 << 4），用于设置一个低 4 位全是 1，其余位全是 0 的数，具体计算过程如下：

```
            0：0000…000000
           ~0：1111…111111
       ~0 << 4：1111…110000
  ~（~0 << 4）：0000…001111
```

③（a>>)& ~（~0 << 4），用于对两个数进行 & 运算。

程序代码如下：

```
main( )
{
    unsigned a, b, c, d;
    scanf("%x", &a);
    b=a>>4;
    c=~（~0 << 4）;
    d=b&c;
    printf("%x,%d,%x,%d\n", a, b, c, d);
}
```

如果输入 f5，输出结果为：

```
f5,15,f,15。
```

也可以在程序中直接指定 c=15。

【例 3.8】分析下述程序的运行结果。

```
main( )
{
    char x=040;
    printf("%o\n", x<<1);
}
```

八进制数 040 的二进制是 100000，左移一位变成 1000000，所以输出结果为八进制数 100。

习题和实验

一、习题

1. 写出求 61°角的余弦值、lg 91 的值、$e^{4.567}$ 的值的 C 语言语句。

2. 运行下述程序, 理解自增、自减运算。

```
main( )
{
    int i=3, j=4, a, b, c;
    a=(i++)+(i++)+(i++);
    b=(++j)+(++j)+(++j);
    c=i++---j;
    printf("%d, %d, %d, %d, %d", a, b, c, i, j);
}
```

3. 单选题。

(1) 下列关于单目运算符++、--的叙述中, 正确的是 (   )。

    A. 它们的运算对象可以是任何变量和常量

    B. 它们的运算对象可以是 char 型变量和 int 型变量, 但不能是 float 型变量

    C. 它们的运算对象可以是 int 型变量, 但不能是 double 型变量和 float 型变量

    D. 它们的运算对象可以是 char 型变量、int 型变量和 float 型变量

(2) 设 a 和 b 均为 double 型变量, 且 a=5.5、b=2.5, 则表达式 (int) a+b/b 的值是
(   )。

    A. 6.500000   B. 6   C. 5.500000   D. 6.000000

(3) 以下语句中, 属于非法赋值语句的是 (   )。

    A. n=(i=2,++i);   B. j++;   C. ++(i+1);   D. x=j>0;

(4) 设变量 x 为 float 型且已赋值, 则以下语句中能将 x 中的数值保留到小数点后两位, 并将第 3 位四舍五入的语句是 (   )。

    A. x=x*100+0.5/100.0;   B. x=(x*100+0.5)/100.0;

    C. x=(int)(x*100+0.5)/100.0;   D. x=(x/100+0.5)*100.0;

(5) 设有以下定义:

```
int a=0;
double b=1.25;
char c='A';
#define d 2
```

则下列语句中错误的是 (   )。

    A. a++;   B. b++;   C. c++;   D. d++;

(6) 设有定义 "float a=2, b=4, h=3;", 则以下 C 语言表达式的计算结果与代数式 $\frac{(a+b)\times h}{2}$ 的计算结果不一样的是 (   )。

    A. (a+B)*h/2   B. (1/2)*(a+B)*h

    C. （a+B）∗h∗1/2　　　　D. h/2∗（a+B）

（7）若已定义 x 和 y 为 double 型变量，则表达式 x=1，y=x+3/2 的值是（　　）。

    A. 1　　　　　　　B. 2　　　　　C. 2.0　　　　　D. 2.5

（8）若变量 a、i 已正确定义，且 i 已正确赋值，下列语句中，属于合法语句的是（　　）。

    A. a==1　　　　　　B. ++i;　　　C. a=a++=5;　　D. a=int（i）;

（9）若有以下程序段：

```
int c1=1，c2=2，c3;
c3=1.0/c2∗c1;
```

则执行程序后，c3 中的值是（　　）。

    A. 0　　　　　　　　B. 0.5　　　C. 1　　　　　　D. 2

（10）设有"int x=11;"，则表达式（x++ ∗ 1/3）的值是（　　）。

    A. 3　　　　　　　　B. 4　　　　　C. 11　　　　　D. 12

二、实验

进入 Visual C++环境，按下表要求，填写正确代码和调试过程。

源代码	正确代码及调试过程记录

1. 执行、理解下述程序。
main( )
{ int b=2, x, y;
  float i=0.1;
  x=2+++b;
  y=2-++b
  printf("%d %d %f",x,y,++i);
}	

2. 执行、理解下述程序。
main( )
{ int a, b;
  a=(b=3)+(b=2);
  printf("a=%d b=%d", a, b);
}	

3. 程序填空，程序中 a、b、c 代表一元二次方程的 3 个系数，要求输出方程的两个根。
main( )
{ int a=1, b=3, c=2;
  printf("x1=%f\n", _____);
  printf("x2=%f\n", _____);
}	

源代码	正确代码及调试过程记录
4. 想一想，使用程序语句有几种计算 3.14159^8 的方法？不同方法之间有区别吗？写出程序代码。	

5. 执行、理解下述程序。
 	
``c
#include<stdio.h>
main()
{   int a=3, b=5;
    printf("%d",(a++, ++a, a+b));
}
``	

6. 执行、理解下述程序。
 	
``c
#include<stdio.h>
main()
{   int a, b, c=241;
    a=c/100%9;
    b=(-1)&&(-1);
    printf("%d, %d", a, b);
}
``	

7. 执行、理解下述程序。
 	
``c
#include<stdio.h>
main()
{   int a=5, b=9;
    float x=2.3, y=45.;
    printf("%8.2f", a%(int)(x+y)*b/2/3+y);
}
``	

第 4 章

顺序结构程序设计

如果说表达式提供了数据参与运算的舞台，则数据运算的剧本就是语句序列。C 程序中描述计算过程的基本单位是语句，按语句的自然顺序一条一条执行指令的程序称为顺序结构程序。

4.1 C 语句概述

C 语言的语句用来向计算机系统发出操作指令。一个语句经过编译后会产生若干条机器指令。一个实际程序包含若干条语句，语句都是用来完成一定操作任务的。函数体中包含声明部分和执行部分，声明部分的内容一般不称为语句，执行部分由语句组成。

C 语句可以分为控制语句、表达式语句、复合语句三大类。

1. 控制语句

控制语句是完成一定控制功能的语句，用于控制程序的流程，以实现程序的各种结构方式。它们由特定的语句定义符组成。C 语言有 9 种控制语句，可分成以下 3 类：条件判断语句（if 语句、switch 语句）、循环执行语句（do while 语句、while 语句、for 语句）、转向语句（break 语句、goto 语句、continue 语句、return 语句）。

2. 表达式语句

表达式语句是用表达式构成的语句，表示一个运算或操作。在表达式最后加上一个";"就组成了表达式语句，分号是表达式语句不可缺少的一个部分。C 程序中大多数语句是表达式语句（包括函数调用语句）。表达式语句常见的形式有：赋值语句、函数调用语句、空语句。

赋值语句由赋值表达式加上一个分号构成。执行赋值语句时，先计算赋值运算符右侧的子表达式的值，然后将此值赋给赋值运算符左侧的变量。C 语言的赋值语句具有与其他高级语言的赋值语句相同的特点和功能。

函数调用语句由函数调用表达式加一个分号构成。

空语句是只有一个分号的语句，它什么也不做，用来表示这里可以有一个语句，但是目前不需要做任何工作。

3. 复合语句

用{}把一些语句（语句序列，表示一系列工作）括起来即可构成复合语句。复合语句又称为语句块、分程序。

一般情况下，凡是允许出现语句的地方都允许使用复合语句。在程序结构上，复合语句被看作是一个整体，但是其内部可能完成了一系列工作。

【注意】C语言允许在一行中编写几个语句，也允许一个语句拆开写在几行上，书写格式无固定要求。一般情况下，将彼此关联的或表示一个整体的一组较短的语句写在一行上，比如，算法开始的赋初值语句可以写在一行上。

4.2　格式输出函数

微视频 4.1：
输出函数

在用户与计算机交流的过程中，计算机通过输出信息让用户知道当前的状态和计算结果。在文本模式下，界面信息的输出及对用户的提示等都是通过 printf() 函数实现的。

printf() 函数称为格式输出函数，其最末一个字母 f 即为"格式"（format）之意。printf() 函数的功能是按用户指定的格式，把指定的数据显示在屏幕上。在前面的示例中我们已多次使用过这个函数。

printf() 函数是一个标准库函数，它的函数原型包含在"stdio.h"头文件中。作为特例，源程序中不要求在使用 printf() 函数之前必须包含 stdio.h 文件（在 .cpp 文件中必须有）。

printf() 函数调用的一般形式为：

> printf("格式控制字符串"，输出列表)

函数参数包括以下两部分：

（1）"格式控制字符串"是用双引号括起来的字符串，用来表示格式说明，也称为转换控制字符串，用来指定输出数据项的类型和格式。它包括以下两种信息：

① 格式说明，由"%"和格式符组成，如%d、%f 等。格式说明总是由"%"字符开始，到格式符终止。它的作用是将输出的数据项转换为指定的格式。输出列表中每个数据项对应一个格式说明。

② 普通字符，它们是需要原样输出的字符。

（2）输出列表是需要输出的一些数据项，可以是表达式。

若有 a=3，b=4，那么语句"printf("a=%d b=%d"，a ，b);"的输出是"a=3 b=4"。其中两个"%d"是格式符，表示输出两个整数，分别对应变量 a、b，"a="" b="是普通字符，按原样输出。

由于 printf() 是函数，因此"格式控制字符串"和"输出列表"实际上都是函数的参数。printf() 函数的一般形式可以表示为：

> printf(参数1，参数2，参数3，…，参数 n)

其功能是将参数 2~n 按照参数 1 给定的格式输出。

对于不同类型的数据应当使用不同的格式符构成格式说明，常用的格式符有以下几种：

① d 格式符：用来输出十进制整数，有以下几种用法：

● %d：按照数据的实际长度输出。

● %md：m 用来指定输出数据的宽度（整数），如果数据的位数小于 m，则在左侧补以空格（右对齐）；若大于 m，则按照实际位数输出。

● %-md：m 用来指定输出数据的宽度（整数），如果数据的位数小于 m，则在右侧补以空格（左对齐）；若大于 m，则按照实际位数输出。

● %ld：输出长整型数据，也可以用 %mld 指定宽度。

② o 格式符：以八进制形式输出整数。注意，这种格式是将内存单元中各位的值按八进制形式输出，输出的数据不带符号，即将符号位也作为八进制的一部分一起输出。例如：

```
int a=-1;
printf("%d, %o, %x", a, a, a);
```

由于 -1 的原码是 1000 0000 0000 0001，-1 在内存中的补码（双字节）表示是 1111 1111 1111 1111 = 1 111 111 111 111 111 = $(177777)_8$ = $(ffff)_{16}$，所以程序输出结果为：

```
-1, 177777, ffff
```

其中，-1 是十进制数表示，177777 是八进制数表示，ffff 是十六进制数表示。

③ x 格式符：以十六进制形式输出整数，其与 o 格式符一样，不出现负号。

④ u 格式符：用来输出无符号型数据，即无符号数，以十进制形式输出。一个有符号整数可以用 %u 形式输出，反之，一个无符号型数据也可以用 %d 格式输出。

⑤ c 格式符：用来输出一个字符。只要一个整数的值在 0~255 范围内，就可以用字符形式输出；反之，一个字符数据也可以用整数形式输出。例如，有下述程序：

```
main( )
{
    char c='a';
    int i=97;
    printf("%c, %d\n", c, c);
    printf("%c, %d\n", i, i);
}
```

则其输出结果为：

```
a, 97
a, 97
```

⑥ s 格式符：用来输出一个字符串。

⑦ f 格式符：用来输出实数（包括单精度、双精度、长双精度实数，格式符均相同），以小数形式输出。%f 格式不指定宽度，整数部分全部输出，并输出 6 位小数。

【注意】 并非全部数字都是有效数字，一般单精度实数的有效位数为 7 位，双精度为 16 位。%m. nf 格式中，m 为输出域宽，包含一个小数点位，n 指定小数位数，但不取决于它。

【例 4. 1】 输出不同精度实数的应用程序示例。

程序 1：

```
main( )
{
    float x , y;
    x = 1234567. 890123456789;
    y = 1234567. 890123456789;
    printf( "x = %f x+y = %20. 10f\n" , x, x+y);
}
```

程序运行结果为：

```
x = 1234567. 875000    x+y = 2469135. 7500000000
```

程序 2：

```
main( )
{
    double x,y;
    x = 1234567. 890123456789;
    y = 1234567. 890123456789;
    printf( "x+y = %30. 20f\n" , x+y);
}
```

程序运行结果为：

```
x+y = 2469135. 78024691340000000000
```

【例 4. 2】 printf( )函数输出列表的顺序程序示例。

```
main( )
{
    int i = 1 , j = 2;
    printf( "%d %d %d" , i+j, ++i, i);
}
```

程序运行结果为：

```
4  2  2
```

printf( )函数对输出列表中各量的求值顺序是从右至左进行的，输出顺序还是从左至右。

4.3　格式输入函数

微视频 4.2：
输入函数

输入是指在程序运行过程中，由用户通过键盘等外设把数据提供给正在运行的程序。如在 ATM 上取款时，输入密码、金额等信息。在运行阶段输入信息，使得程序有了较大的通用性和灵活性。C 语言的输入主要通过 scanf( )函数实现。scanf( )函数的一般格式为：

> scanf("格式控制字符串"，地址列表)

"scanf( )中的格式控制字符串"的含义与 printf( )中的类似，它指定输入数据项的类型和格式。

地址列表是由若干个地址组成的列表，也就是变量单元的地址列表，用取地址运算符来表示，如 &x 表示变量 x 的地址。

【例 4.3】 scanf( )函数的应用程序示例。

```
main( )
{
    int a, b, c;
    scanf("%d%d%d", &a, &b, &c);
    printf("%d,%d,%d\n", a, b, c);
}
```

其中，& 是地址运算符，&a 指变量 a 的地址。scanf( )函数的作用是将键盘输入的数据保存到以 &a、&b、&c 为地址的存储单元中，即变量 a、b、c 中。

"%d%d%d" 表示要求输入 3 个十进制整数。输入数据时，在两个数据之间以一个或多个空格分隔，也可以按 Enter 键，制表键（Tab 键）分隔，但不能用逗号分隔。

如执行例 4.3 的程序，合法的输入可以是：

> 3　4　5（按 Enter 键）　　或　　3（按 Enter 键）4 5（按 Enter 键）　　或　　3（按 Tab 键）4（按 Enter 键）5（按 Enter 键）

而

> 3,4,5（按 Enter 键）

则是非法的输入。

scanf( )函数中的格式控制字符串参数与 printf( )函数中的相似，以%开始，以一个格式符结束，中间可以插入附加字符。如果在格式控制字符串中除了格式说明以外还有其他字符，则在输入数据时在对应位置要输入与这些字符相同的字符。建议不要使用其他的字符。例如：

● 对于 "scanf("%d,%d,%d", &a, &b, &c);"，应当输入 "3,4,5"，不能输入 "3 4 5"。
● 对于 "scanf("%d:%d:%d", &h, &m, &s);"，应当输入 "12:23:36"。

● 对于"scanf("a=%d,b=%d,c=%d", &a, &b, &c);",应当输入"a=12,b=24, c=36"。

● 对于"scanf("a=%db=%d", &a, &b);",应当输入"a=12b=24",如果输入"a=3 b=4"则会出错,中间不能有空格。

在用"%c"格式输入字符时,空格字符和转义字符都作为有效字符输入。%c只要求读入一个字符,后面不需要用空格作为两个字符的间隔。

例如,对于"scanf("%c%c%c", &c1, &c2, &c3);",输入"a b c(按 Enter 键)"后,c1='a',c2='b',c3='c'。

在输入数据时,遇到下面情况中的任意一种则表示该次输入结束:

(1)遇到空格,或按 Enter 键或 Tab 键,例如,对于程序段:

```
int a,b,c;
scanf("%d%d%d",&a,&b,&c);
```

输入"12　34(按 Tab 键)567(按 Enter 键)"后,a=12,b=34,c=567。

(2)按指定的宽度结束,例如,对于程序段:

```
scanf("%2d", &i);
```

输入"1234(按 Enter 键)"后,i=12。

(3)遇到非法的输入,例如,对于程序段:

```
float a, c; char b;
scanf("%f%c%f",&a, &b, &c);
```

输入"1234a123o. 26(按 Enter 键)",此处误将数字 0 输入为字母 o,结果得到 a=1234.0,b='a',c=123.0,而不是希望的 1230.26。

若输入"1234 a123(按 Enter 键)",则结果是 a=1234.0,b=' ',c=0.0。请思考这是为什么?

C 语言格式输入输出的规定比较烦琐,应重点掌握最常用的一些规则,其他部分可在需要时随时查阅。

4.4　其他输入输出函数

1. putchar( )函数

putchar( )函数又称为字符输出函数,其一般形式为:

```
putchar(字符表达式);
```

函数功能:向终端(显示器)输出一个字符(可以是可显示的字符,也可以是控制字符或其他转义字符)。例如:

putchar('y');   putchar('\n');   putchar('\101');   putchar('\'');

2. getchar( )函数

getchar( )函数又称为字符输入函数，其一般形式为：

c = getchar( );

函数功能：从终端（键盘）输入一个字符，以按 Enter 键为确认。函数的返回值就是输入的字符。

【例 4.4】 getchar( )函数的应用程序示例。

```c
#include<stdio.h>
main( )
{
    char c;
    c = getchar( );
    putchar(c);
}
```

3. puts( )函数

puts( )函数又称为字符串、字符数组中字符串输出函数，其一般形式为：

puts(char * str);

函数功能：将字符串或字符数组中存放的字符串输出到显示器上。例如：

puts("China\nBeijing\n");

4. gets( )函数

gets( )函数又称为字符串输入函数，其一般形式为：

gets(char * str);

函数功能：接收从键盘输入的一个字符串，并将其存放在字符数组中。例如：

char s[81];

gets(s);

4.5 算法及其表示方法

微视频 4.3：
算法

为解决一个问题而采取的方法和步骤称为算法。对于同一个问题可以有不同的解题方法和步骤，也就是说，同一个问题可以有不同的算法。算法有优劣之分，一般而言，应当选择时空效率高的算法，即选择运算快、内存开销小的算法。

4.5.1 算法的五大特性 ···□

1. 有穷性

一个算法应当包含有限的而不能是无限的步骤；同时一个算法应当在执行一定数量的步骤后即结束，不能出现死循环。

事实上"有穷性"往往指"在合理的范围之内"的有限步骤。如果让计算机执行一个历时 1 000 年才结束的算法，尽管此算法有穷，但超过了合理的限度，也不能认为此算法是有穷的。

2. 确定性

算法中的每一个步骤都应当是确定的，而不能是含糊或模棱两可的，也就是说不应当产生歧义，特别是用自然语言描述算法时更应当注意这点。例如，"打印输出成绩优秀的同学的名单"，这句话就有歧义。"成绩优秀"是要求每门课程的成绩都在 90 分以上，还是平均成绩在 90 分以上？这种语句不明确、有歧义，不适合用于描述算法步骤。

3. 输入

有 0 个或多个输入（即可以没有输入，也可以有输入）。没有输入的算法是缺乏灵活性和通用性的算法。所谓输入是指执行算法时从外界获取的必要信息（这里的外界是相对算法本身而言的，输入既可以是用户通过键盘输入的数据，也可以是从程序其他部分传递给算法的数据），例如：

- 不需要输入任何信息，就可以计算出 5!，这里有 0 个输入。
- 输入一个正整数 n，然后判断 n 是否为素数，这里有 1 个输入。
- 计算两个整数的最大公约数，则需要输入两个整数 m 和 n，这里有 2 个输入。

4. 输出

有 1 个或多个输出，即执行算法必须得到结果。算法的输出是执行算法得到的结果。算法必须有结果，没有结果的算法没有意义。结果可以显示在屏幕上，也可以将其传递给程序的其他部分。

5. 有效性

算法的每个步骤都应当能得到有效执行，并能得到确定的结果。例如，若 b=0，则 a/b 就不能得到有效执行。

4.5.2 算法的表示方法 ···□

用户可以用不同的方法表示一个算法。常用的算法表示方法有自然语言法、传统流程图法、结构化流程图法（N-S 流程图法）、伪代码法、计算机语言法等。

1. 用自然语言表示算法

自然语言就是人们日常使用的语言，可以是汉语、英语或其他语言。用自然语言表示算法的优点是通俗易懂，缺点是文字冗长，容易出现歧义。自然语言表示的含义往往不太严格，要根据上下文才能准确判断其含义。此外，用自然语言描述包含分支和循环的算法，不是很直观。因此，除了简单问题，一般不采用自然语言描述算法。

2. 用流程图表示算法

用流程图表示算法时，用一些图框表示各种操作，用带箭头的线表示执行方向。用流程图表示算法直观形象，易于理解。

美国国家标准协会 ANSI 规定了一些常用的流程图符号，如图 4.1 所示，它们已被世界各国的程序员普遍采用。

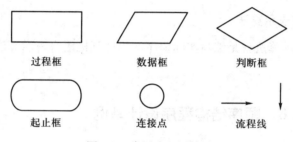

过程框　　　　　数据框　　　　　判断框

起止框　　　　　连接点　　　　　流程线

图 4.1　常用流程图符号

- 起止框：表示算法的开始和结束，其内部的内容一般为"开始"或"结束"。
- 过程框：表示算法的某个处理步骤，一般常常在其内部填写赋值操作。
- 数据框：表示算法请求输入需要的数据或算法将输出某些结果，一般常常在其内部填写"输入……""打印/显示……"。
- 判断框（菱形框）：用于对一个给定条件进行判断，根据给定的条件是否成立来决定如何执行其后的操作。它有一个入口，两个出口。
- 流程线：用于表示算法的执行方向。
- 连接点：用于将画在不同地方的流程线连接起来。同一个编号的点是相互连接在一起的，实际上同一编号的点是同一个点，只是因为在一个地方画不下才分开画。使用连接点可以避免流程线交叉或过长，使流程图更加清晰。

3. 用 N–S 流程图（盒图）表示算法

用基本结构的组合可以表示任何复杂的算法结构，因此在基本结构之间的流程线就多余了。美国学者 I. Nassi 和 B. Shneiderman 提出了一种新的流程图，即 N–S 流程图。这种流程图中完全去掉了带箭头的流程线，每种结构用一个矩形框表示，如图 4.2 所示。

4. 用伪代码表示算法

用传统流程图和 N–S 流程图（统称为流程图）表示算法，虽然直观易懂，但绘制比较麻烦。在实际设计一个算法时，可能要反复修改，而修改流程图是比较麻烦的，因此，

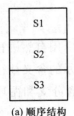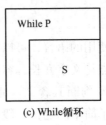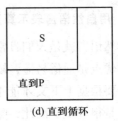

| (a) 顺序结构 | (b) 选择结构 | (c) While循环 | (d) 直到循环 |

图 4.2　N-S 流程图的 4 种结构示意图

流程图适合用来表示算法，但用来设计算法则不是很理想。为了设计方便，常使用伪代码来表示算法。

伪代码用介于自然语言和计算机语言之间的文字和符号来描述算法，常常用于算法设计。伪代码不用图形符号，书写方便，格式紧凑，便于向计算机语言算法过渡。

5. 用计算机语言表示算法

用计算机语言表示算法就是编写实际程序。用计算机语言表示算法必须严格遵守所使用的语言的语法规则。

4.6　顺序结构程序设计举例

【例 4.5】编制程序，在输入了三角形的 3 条边长后，求三角形面积。

为简单起见，假设输入的 3 条边长 a、b、c 能构成三角形。已知求三角形面积的公式为：

$$\text{area} = \sqrt{s(s-a)(s-b)(s-c)}$$

$$s = \frac{a+b+c}{2}$$

算法流程如图 4.3 所示。

微视频 4.4：
顺序结构举例

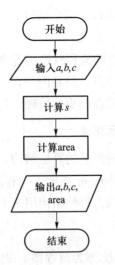

图 4.3　例 4.5 中的算法流程图

程序如下:

```
#include <math. h>
main( )
{
    float a, b, c, s, area;
    scanf("%f%f%f", &a, &b, &c);
    s=(a+b+c)/2;
    area=sqrt(s*(s-a)*(s-b)*(s-c));
    printf("a=%7.2f, b=%7.2f, c=%7.2f\n", a, b, c);
    printf("area=%8.3f\n", area);
}
```

执行程序,输入:

3 4 5(按 Enter 键)

得到的输出结果为:

```
a=    3.00,b=    4.00,c=    5.00
area=    6.000
```

习题和实验

一、习题

1. 编制程序,求方程 $ax^2+bx+c=0$ 的根。a、b、c 由键盘输入,设 $a\neq0$, $b^2-4ac>0$。
2. 运行下述程序,观察运行结果。

```
main( )
{
    printf("\1\2\1\n");
    printf("\3\4\5\6\n");
}
```

3. 有以下程序:

```
main( )
{   int m, n, p;
    scanf("m=%dn=%dp=%d", &m, &n, &p);
    printf("%d%d%d\n", m, n, p);
}
```

若想通过键盘上输入数据，使变量 m 的值为 123，n 的值为 456，p 的值为 789，则正确的输入是_____。

4. 以下程序的输出结果为_____。

```
main( )
{
    int a=666, b=888;
    printf("%d\n", a, b);
}
```

5. 以下程序的输出结果为_____。

```
main( )
{
    int x=2007, y=2008;
    printf("%d\n", (x, y));
}
```

6. 以下程序的输出结果为_____。

```
main( )
{
    int a=1234;
    printf("%2d\n", a);
}
```

7. 以下程序的输出结果为_____。

```
#include <stdio.h>
main( )
{
    int a=2, c=5;
    printf("a=%%d,b=%%d\n", a, c);
}
```

8. 单选题。

（1）以下叙述中，正确的是（   ）。

    A. 用 C 程序实现的算法必须要有输入和输出操作

    B. 用 C 程序实现的算法可以没有输出但必须要有输入

    C. 用 C 程序实现的算法可以没有输入但必须要有输出

    D. 用 C 程序实现的算法可以既没有输入也没有输出

（2）以下程序的运行结果为_____。

```
main( )
{   int m = 0256, n = 256;
    printf("%o %o\n", m, n);
}
```

    A. 0256 0400　　　　B. 0256 256　　　　C. 256 400　　　　D. 400 400

（3）以下程序的运行结果为_____。

```
main( )
{   int a;   char c = 10;
    float f = 100.0;       double x;
    a = f /= c *= (x = 6.5);
    printf("%d   %d   %3.1f   %3.1f\n", a, c, f, x);
}
```

    A. 1　65　1　6.5　　　　　　　　B. 1　65　1.5　6.5

    C. 1　65　1.0　6.5　　　　　　　　D. 2　65　1.5　6.5

（4）已知 i、j、k 为 int 型变量，若要通过键盘输入"1，2，3（按 Enter 键）"，使 i 的值变为 1，j 的值变为 2，k 的值变为 3，则在以下选项中，应使用的正确输入语句是（　　）。

    A. scanf("%2d%2d%2d", &i, &j, &k);

    B. scanf("%d　%d　%d", &i, &j, &k);

    C. scanf("%d,%d,%d", &i, &j, &k);

    D. scanf("i=%d,j=%d,k=%d",&i,&j,&k);

（5）以下叙述中，正确的是（　　）。

    A. 输入项可以是一个实型常量，如"scanf("%f", 3.5);"

    B. 只有格式控制，没有输入项，也能正确输入数据，如"scanf("a=%d, b=%d");"

    C. 当输入一个实型数据时，格式控制部分可以规定小数点后的位数，如"scanf("%4.2f", &f);"

    D. 当输入数据时，必须指明变量的地址，如"scanf("%f", &f);"

（6）若有以下程序，当通过键盘输入"9876543210（按 Enter 键）"，则其输出结果为（　　）。

```
#include<stdio.h>
   main( )
{   int a; float b, c;
    scanf("%2d%3f%4f",&a,&b,&c);
```

```
        printf("\na=%d, b=%f, c=%f\n", a, b, c);
    }
```

  A. a=98, b=765, c=4321   B. a=10, b=432, c=8765

  C. a=98, b=765.000000, c=4321.000000 D. a=98, b=765.0, c=4321.0

（7）以下程序的输出结果为（   ）。

```
#include <stdio. h>
#include <math. h>
main( )
{
    int a=1, b=4, c=2;
    float x=10.5, y=4.0, z;
    z=(a+b)/c+sqrt((double)y)*1.2/c+x;
    printf("%f\n",z);
}
```

  A. 14.000000   B. 015.400000   C. 13.700000   D. 14.900000

二、实验

进入 Visual C++环境，按下表要求，填写正确代码和调试过程。

源代码	正确代码及调试过程记录

1. 执行、理解下述程序。
main( )
{
  printf("Factorial of %d is %f\n", 5, 1*2*3
  *4*5);
}	

2. 编程，求半径为 r 的球的表面积及体积。	

3. 执行、理解下述程序。
#include<stdio. h>
main( )
{ int x;
 printf("%d", scanf("%d", &x));
}
	分别输入 "12(按 Enter 键)""d(按 Enter 键)"

第 5 章
选择结构程序设计

选择结构程序是 3 种基本程序结构（顺序、选择、循环）之一，其作用是在判断是否满足指定的条件后，从给定的两组或多组操作中决定选择哪一种。

C 语言中的选择结构用 if 语句和 switch 语句实现。

5.1 关系运算符和关系表达式

微视频 5.1：
如何判断

关系运算是逻辑运算中比较简单的一种。关系运算就是比较运算，即对两个值进行比较，判断是否符合或满足给定的条件。如果符合或满足，则称关系运算的结果为"真"，否则，则称关系运算的结果为"假"。

例如，x>0 就是一种比较关系运算，">"是一种关系运算符，假如 x = 4，那么满足 x>0 这个条件，就是说关系运算 x>0 的结果为"真"。

5.1.1 关系运算符及其优先顺序

在 C 语言中有以下关系运算符：< (小于)、<= (小于或等于)、> (大于)、>= (大于或等于)、== (等于)、!= (不等于)。

说明：

① 前 4 种关系运算符的优先级相同，后两种优先级相同。前 4 种高于后两种。

② 就优先级而言，关系运算符低于算术运算符，高于赋值运算符。

③ 关系运算符都是双目运算符，其结合性均为左结合。

例如：

c>a+b	等价于	c>(a+b)	关系运算符的优先级低于算术运算符
a>b==c	等价于	(a>b)==c	>的优先级高于==
a==b<c	等价于	a==(b<c)	<的优先级高于==
a=b>c	等价于	a=(b>c)	关系运算符的优先级高于赋值运算符

5.1.2 关系表达式

用关系运算符将两个表达式（算术、关系、逻辑、赋值表达式等）连接起来所构成的表达式，称为关系表达式。

关系表达式的值是一个逻辑值，即"真"或"假"。C 语言没有逻辑型数据，以非 0 的数代表"真"，以 0 代表"假"。例如，若 a=3，b=2，c=1，则有：

关系表达式"a>b"的值为"真"，即表达式的值为 1。

关系表达式"b+c<a"的值为"假"，即表达式的值为 0。

【注意】表达式"a==3"与"a=3"值是不一样的，前者是关系表达式，值为 1；后者是赋值表达式，值为 3。

5.2　逻辑运算符和逻辑表达式

5.2.1　逻辑运算符及其优先顺序

C 语言提供以下 3 种逻辑运算符：

① &&：逻辑与，相当于日常生活中的"而且、并且"，只有两个条件同时成立才为"真"。

② ||：逻辑或，相当于日常生活中的"或"，两个条件只要有一个成立即为"真"。

③ !：逻辑非，如果条件为"真"，运算后为"假"；如果条件为"假"，运算后为"真"。

&& 和 || 是双目运算符，!是单目运算符。

在一个逻辑表达式中如果包含多个逻辑运算符或其他运算符，则优先顺序如下：

① !、&&、|| 3 个运算符中，! 的优先级最高。

② && 和 || 的优先级低于关系运算符，! 的优先级高于算术运算符。

例如：

a>b&&x>y	等价于	(a>b)&&(x>y)
a==b || x==y	等价于	(a==b) || (x==y)
!a || a>b	等价于	(!a) || (a>b)

5.2.2　逻辑表达式

用逻辑运算符（逻辑与、逻辑或、逻辑非）将关系表达式或逻辑量连接起来构成的表达式称为逻辑表达式。

逻辑表达式的值是一个逻辑量"真"或"假"。C 语言编译系统在给出逻辑运算结果时，以 1 代表"真"，以 0 代表"假"，但在判断一个量是否为"真"时，以 0 代表"假"，以非 0 代表"真"（即认为任何一个非 0 的数值都是"真"）。

【例 5.1】非 0 值作为逻辑值参与逻辑运算示例。

若 a=4，则!a 的值为 0（假）。

若 a=4，b=5，则 a&&b 的值为 1（真），a \|\| b 的值为 1（真），!a \|\| b 的值为 1（真）。

4&&0 \|\| 2 的值为 1（真）。

'c'&&'d'的值为 1。

从例 5.1 还可以看出：系统给出的逻辑运算结果不是 0 就是 1，不可能是其他数值。而在逻辑表达式中参与逻辑运算的对象可以是 0（按"假"对待）也可以是任何非 0 的数值（按"真"对待）。事实上，逻辑运算符两侧的对象不但可以是 0 和 1 或者是 0 和非 0 的整数，也可以是任何类型的数据，如字符型、实型、指针型等。

如果在一个表达式中不同位置上出现数值，应区分哪些是作为数值运算或关系运算的对象（取其原值），哪些是作为逻辑运算的对象（取其逻辑值）。

【例 5.2】阅读程序，理解表达式的值。

```
main( )
{
    int i=1, j=2, k=3;
    char c='f';
    float x=1.0e-4, y=1e-6;
    printf("%d,%d\n", 'a'+3<c, -i-2*j>=k+1);
    printf("%d,%f,%d,%d\n", 4<k<5, x*10000, x*10000==1.0, 1-x*10000<=y);
    printf("%d,%d,%d\n", i+j+k==2*k, 2*k==i+5==i, k>j&&i || k<j-!0);
}
```

程序运行结果为：

```
1, 0
1, 1.000000, 0, 1
1, 1, 1
```

字符变量用它对应的 ASCII 值参与运算。在实数间一般不用进行相等判断，因为实数是近似存储。例 5.2 中，对表达式"2*k==i+5==i"进行运算时，先进行算术运算，变为"6==6==i"，再按结合性从左到右运算，"6==6"的值为 1，所以"1==i"的值为真。对最后一个表达式"k>j&&i || k<j-!0"，先进行非运算，再进行算术运算，然后进行关系运算、逻辑运算。

【例 5.3】写出判断某一年是否是闰年的表达式。

闰年的条件是年份满足下面两个条件中的一个：

① 能被 4 整除，但不能被 100 整除。

② 能被 4 整除，又能被 400 整除。

因为能够被 400 整除一定能被 4 整除，所以第 2 个条件可以简化为能够被 400 整除。设年份为 year，可以用下述逻辑表达式判断它是否是闰年：

```
year%4==0&&year%100!=0 || year%400==0
```

表达式为"真"，闰年条件成立，表明该年是闰年，否则不是闰年。

在求解逻辑表达式时，并不是所有的逻辑运算符都被执行，只是在必须执行下一个逻辑运算符才能求出表达式的解时，才执行该运算符。对于表达式 a&&b，如果表达式 a 为假，则不再对 b 进行运算；对于表达式 a‖b，如果表达式 a 为真，则不再对 b 进行运算。

【例 5.4】 阅读下述程序，理解表达式的值。

```
main( )
{
    int a=1, b=2, c;
    c=a++>1&&b++<3;
    printf("%d,%d,%d ", a, b, c);
}
```

程序运行结果为：

```
2,2,0
```

例 5.4 中，语句 "c=a++>1&&b++<3;" 可以被看作是赋值语句，赋值的优先级最低，而对逻辑运算符 &&，先计算其左侧的表达式，a>1 为 0，再执行 a++，使 a 变为 2，不再计算 && 右侧的表达式，并把 0 赋给 c。如果把程序变化为下述形式：

```
main( )
{
    int a=1, b=2, c;
    c=++a>1 ‖ ++b<3;
    printf("%d,%d,%d", a, b, c);
}
```

则程序运行结果为：

```
2,2,1
```

5.3 if 语句

if 语句用来判断是否满足给定的条件，然后根据判断结果（真或假）决定执行给出的两种操作中的哪一种。

if 语句有两种基本形式：

if（表达式）语句；

例如，"if (x>y) printf("%d", x);"。

if（表达式）
　　语句1；
else
　　语句2；

微视频 5.2：if 语句

例如，if(x>y)

    printf("%d", x);

   else

    printf("%d", y);

说明：

① if 语句中的"表达式"是任意的，但一般为关系表达式或逻辑表达式。需要记住的是，C 语言中需要逻辑值的地方，只有 0 代表"假"，非 0（其他）均代表"真"。例如：

> if('a') printf("%d", 'a');

这里的"printf("%d", 'a');"语句将被执行，因为'a'的值为 97，即为"真"。

【注意】"if(a==3)"与"if(a=3)"有差别，后者的条件判断恒为真。

② else 子句不能单独使用，必须与 if 语句配对使用。

③ 在 if 和 else 后面的语句块可以只有一个操作语句构成，也可以有多个操作语句构成（称为复合语句）。语句块用{}括起来，语句块后面不需要";"。

④ if 语句的嵌套：if 语句的 if 块或 else 块中，还可以包含 if 语句。

在嵌套时应当注意 if 与 else 的配对关系，else 总是与距离它最近的 if 配对。特别是当 if/else 子句数目不一样时（if 子句数量只会大于或等于 else 子句数量），可以利用{}确定配对关系，将没有 else 子句的 if 语句用{}括起来。

【例 5.5】对学生的补考成绩进行处理，成绩大于或等于 60 分时，记为 60；小于 60 分且是负数（输入时可能发生错误，把分数输入成负数）时，则记为 0。

如果把实现相应功能的程序段写成下述形式：

```
main()
{
    float x;
    scanf("%f", &x);
    if (x<60)
        if (x<0)
            x=0;
    else
        x=60;
    printf("%f", x);
}
```

则不能完全达到题目的要求，因为如果输入了小于 60 的正数分数，也会把最终分数记为 60；另外对于高于 60 的分数也没有处理。下面的程序才是正确的：

```
main( )
{
    float x;
    scanf("%f", &x);
    if  (x<60)
        { if (x<0)
            x=0;
        }      /*没有分号*/
    else
        x=60;
    printf("%f", x);
}
```

【例 5.6】 输入两个实数，按数值由小到大的次序输出这两个数。（此题的难点是掌握和运用交换数据算法）

```
main( )
{
    float a, b, t;              /*t 是临时变量*/
    scanf("%f%f", &a, &b);
    if(b<a){t=a; a=b; b=t;}   /*交换 a,b*/
    printf("%f,%f", a, b);
}
```

运行程序时，如果输入：

5   3

输出结果为：

3.000000 ,5.000000

【思考】 若去掉"if(b<a){t=a; a=b; b=t;}"语句中的{}，程序运行结果会怎样？

【例 5.7】 求一元二次方程 $ax^2+bx+c=0$ 的根。

在充分考虑 a、b、c 的各种取值的基础上，得到下述程序：

```
#include "math. h"
main( )
{
    float a, b, c, disc, x1, x2, p, q;
    scanf("%f%f%f", &a, &b, &c);
    if(fabs(a)<=1e-6)
```

```
            printf("输入的系数不能构成二次方程!");    /*a=0时不是二次方程*/
        else
        {
            disc=b*b-4*a*c;
            if(fabs(disc)<=1e-6)                  /*当Δ=0时有两个相等的根*/
                printf("方程有两个相等根:%8.4f\n", -b/(2*a));
            else
                if(disc>1e-6)                     /*当Δ>0时有两个实数根*/
                {
                    x1=(-b+sqrt(disc))/(2*a);
                    x2=(-b-sqrt(disc))/(2*a);
                    printf("方程有两个实根:%8.4f 和 %8.4f\n", x1, x2);
                }
                else                              /*当Δ<0时有两个复数根*/
                {
                    p=-b/(2*a);
                    q=sqrt(-disc)/(2*a);
                    printf("方程有两个复数根\n");
                    printf("%8.4f+%8.4fi\n", p, q);
                    printf("%8.4f-%8.4fi\n", p, q);
                }
        }
}
```

程序中用 disc 代表 b^2-4ac，先计算 disc 的值，以减少以后进行判断时的重复计算。当判断 disc（即 b^2-4ac）是否等于 0 时，要注意一个问题：由于 disc 是一个实数，而实数在计算和存储时会有一些微小的误差，因此不能直接用"disc==0"进行判断，因为这样可能会出现本来是零的量，由于出现误差而被判断为不等于零，因此导致结果错误。例 5.7 中采取的办法是判断 disc 的绝对值"fabs(disc)"是否小于或等于一个很小的数（如 10^{-6}），如果小于或等于此数，就认为 disc=0。

5.4 条件运算符和条件运算表达式

在 if 语句中，如果表达式为"真"和"假"时，都只执行一个赋值语句，给同一个变量赋值，则可以使用简单的条件运算符来实现相同的功能。例如，下述程序：

微视频 5.3：
条件运算符及
选择结构举例

```
if( a>b)    max = a;
else        max = b;
```

可以使用条件表达式语句 "max = a>b?a:b;" 来处理（注意：这里的 "a>b" 关系运算中使用与不使用 "( )" 都一样）。执行时，如果 a>b 为 "真"，条件表达式的值为 a，否则为 b。

条件表达式的一般形式为：

```
表达式 1? 表达式 2: 表达式 3
```

说明：

① 条件表达式的执行顺序为：先求解表达式 1，若计算结果非 0（真），则求解表达式 2，表达式 2 的值就是整个条件表达式的值；若表达式 1 的值为 0（假），则求解表达式 3，此时表达式 3 的值就是整个条件表达式的值。

② 条件运算符的优先级高于赋值运算符，低于关系运算符和算术运算符，例如，"max = a>b?a:b" 等价于 "max = ((a>b)?a:b)"。

③ 条件运算符的结合性是 "自右向左"。例如，执行 "a>b?a:c>d?c:d"，先考虑优先级、再考虑结合性，则表达式等价于 "(a>b)?a:((c>d)?c:d)"。

④ 表达式 2 和表达式 3 不仅可以是数值表达式，还可以是赋值表达式或函数表达式。例如：

```
a>b?(a = 100):(b = 100);
a>b? prinf("%d",a): prinf("%d",a);
```

⑤ 表达式 1、表达式 2、表达式 3 的类型均可以不同。整个条件表达式值的类型是表达式 2、表达式 3 中类型较高的类型。例如，表达式 "x>y?1:1.5" 的类型为实型。

5.5　switch 语句

微视频 5.4:
switch 语句

当下一步的可能执行方向为多分支时，为了确定具体执行哪个分支，可以使用嵌套的 if 语句处理，但如果分支较多，嵌套的 if 语句层数变得很多，程序会变得冗长，可读性降低。

C 语言提供了 switch 语句来处理多分支选择。其一般形式为：

```
switch( 表达式)
{
    case 常量表达式 1: 语句 1
    case 常量表达式 2: 语句 2
        …
    case 常量表达式 n: 语句 n
    [default: 语句 n+1]
}
```

在 switch 语句的 case 语句中可以使用 break 语句退出整个 switch 语句。

说明：

① switch 后面括号内的表达式，允许为可枚举类型，如整型、字符型，但不能是实型。

② 当"表达式"的值与某个 case 后面的常量表达式的值相等时，就执行此 case 后面的语句。如果表达式的值与所有常量表达式的值都不匹配，就执行 default 后面的语句，上述语句格式中用"[ ]"括起来的部分是可选的。对于 switch 语句来说，如果没有可选的 default 语句，就跳出执行 switch 语句后面的语句。

③ 各个常量表达式的值必须互不相同，否则会产生矛盾。

④ 各个 case 语句、default 语句出现的顺序不影响执行结果。

⑤ 执行完一个 case 后面的语句后，如果没有 break 语句，流程控制转向下一个 case 语句继续执行。此时，"case 常量表达式"只是起语句标号的作用，并不用作条件判断。在执行一个分支后，可以使用 break 语句跳出整个 switch 语句，即终止 switch 语句的执行（最后一个分支可以不用 break 语句）。

⑥ 某个 case 后面如果有多条语句，不必用"{ }"括起来。

⑦ 多个 case 可以共用一组执行语句，这时要注意 break 语句的使用位置。

【例 5.8】输入任意的年份和月份，求该月的天数。

```
main( )
{
    int year, month, days;
    scanf("%d%d", &year, &month);
    switch(month)
    {
        case 1:
        case 3:
        case 5:
        case 7:
        case 8:
        case 10:
        case 12:
            days = 31;
            break;
        case 2:
            if(year%4 == 0&&year%100! = 0 || year%400 == 0)
                days = 29;
            else
                days = 28;
```

```
            break；
       default：
            days=30；
            break；
    }
    printf("%d", days)；
}
```

习题和实验

一、习题

1. 用 C 语言的表达式描述下列数学命题：

① 3<a<5。

② a 不是正整数。

③ a 是奇数。

2. 编制程序，输入任意 3 个整数，求它们中的最大值。

3. 输入年、月、日，用 switch 语句求该日是该年的第几天？

4. 分析下述程序的运行结果。

```
main( )
{
    int i=1, j=2, k=3；
    if(i++==1&&(++j==3 || k++==3))
        printf("%d  %d  %d\n", i, j, k)；
}
```

5. 分析下述程序的运行结果。

```
main( )
{
    int a=3, b=4, c=5, d=2；
    if(a>b)
      if(b>c)
        printf("%d", d+++1)；
      else
        printf("%d", ++d+1)；
```

```
        printf("%d\n",d);
}
```

6. 分析下述程序的运行结果。

```
main()
{
    int a=1, b=2, m=0, n=0, k;
    k=(n=b>a) || (m=a<b);
    printf("%d,%d\n", k, m);
}
```

7. 分析下述程序的运行结果。

```
main()
{   int a=5, b=4, c=3, d=2;
    if(a>b>c)
        printf("%d\n", d);
    else
        if((c-1>=d)==1)
            printf("%d\n", d+1);
        else
            printf("%d\n", d+2);
}
```

8. 分析下述程序的运行结果。

```
main()
{   int a=15, b=21, m=0;
    switch(a%3)
        {   case 0: m++;
            case 1: m++;
                switch(b%2)
                    {   default: m++;
                        case 0: m++; break;
                    }
            }
    printf("%d\n", m);
}
```

9. 分析下述程序的运行结果。

```
main( )
{   int p, a=5;
    if( p=a! =0)
        printf( "%d\n", p);
    else
        printf( "%d\n", p+2);
}
```

二、实验

进入 Visual C++环境，按下表要求，填写正确代码和调试过程。

源代码	正确代码及调试过程记录

1. 用数 y 表示整数 x 的符号。当 x 为 0 时，y=0；x 为负数时，y=−1；x 为正数时，y=1。按上述要求调试下述程序。
 	
``
main( )
{
  int x, y=−1;
  scanf("%d", x);
  if x! =0
    if x>0 y=1;
  else
    y=0;
  printf("d%",y);
}
``	

2. 调试下述程序，理解程序的功能。
 	
``
#include<stdio. h>
main( )
{
  int a, b;
  char op;
  printf("input aopb\n");
  scanf("%d%c%d", &a, &op, &b);
  switch(op)
  {
  case '+':
    printf("%d%c%d=%d", a, op, b, a+b);break;
  case '−':
    printf("%d%c%d=%d", a, op, b, a−b);break;
  case '*':
``	

续表

源代码	正确代码及调试过程记录

printf（"%d%c%d=%d"，a，op，b，a∗b）；break;
case '/'：
  if（b!=0）
    printf（"%d%c%d=%d"，a，op，b，a/b）；
  else printf（"erro!b=0"）；break;
case '%'：
  if（b!=0）
  printf（"%d%c%d=%d"，a，op，b，a%b）；
  else printf（"erro!b=0"）；break;
default：printf（"input error!"）；
  }
}	

3. 运行下述程序，分别输入：3、3.5、-3、0，理解输出结果。
main（）
{
  float x;
  scanf("%f"，x）;
  printf("d%"，!(x>0&&(int)x==x)）;
}	

第 6 章

循环结构程序设计

重复性的工作令人厌烦，而计算机却特别擅长处理重复性的工作。在程序中通常把要重复完成的工作设计为循环结构，根据给定的条件，让计算机自动进行判断，确定是否继续重复。C 语言提供了 3 种循环语句：while 语句、do-while 语句、for 语句。

6.1 循环结构

许多问题的求解都可以归结为执行重复的操作，比如，数值计算中的方程迭代求根，非数值计算中的对象遍历，在程序中可以通过循环来解决。

微视频 6.1：
循环结构

重复工作是计算机特别擅长的工作之一。这里所说的重复，一般不是指简单机械地重复，而是指操作的数据（状态、条件）都可能发生变化的重复。

重复的动作是受控制的，比如，要满足一定条件才继续重复，一直进行到某个条件满足或重复多少次为止。也就是说，对重复工作需要进行控制，这种控制称为循环控制。例如，对于多项的累加求和 $s=1+2+\cdots+n$，可以将其改变为下面的形式，然后通过循环操作完成：

$s=s+1,s=s+2,\cdots,s=s+n$

循环开始时，先进行初始化：$s=0$。

具体循环（执行循环体）操作为：$s=s+i$。

通过累加次数控制循环：使 i 从 1 变化到 n。

6.2 while 语句

while 语句的一般形式是：

while(表达式) 语句(循环体，可以是语句序列)；

其中，表达式称为循环条件，语句称为循环体。

为便于理解，可以将此循环语句读作"当条件(循环条件)成立(为真)，则循环执行语句(循环体)"。

执行过程是：

① 计算 while 后面表达式的值，如果其值为"真"则执行循环体。

② 执行完循环体后，再次计算 while 后面表达式的值，如果其值还为"真"，则继续执行循环体；如果其值为"假"，则退出此循环结构。

【注意】使用 while 语句要了解以下几点：

① while 语句的特点是先计算表达式的值，然后根据表达式的值决定是否执行循环体中的语句，因此，如果表达式的值一开始就为"假"，那么循环体一次也不执行。

② 当循环体由多个语句（语句序列）组成时，必须用｛｝把它们括起来，形成复合语句。

③ 在循环体中应有使循环趋于结束的语句，以避免无穷循环（死循环）的发生。

【例 6.1】利用 while 语句，编写程序计算 1+2+3+…+100 的值。

解决上述问题的算法为：

S0（设置循环初值）：sum←0，i←1。

S1（循环体）：sum←sum +i，i←i+1。

S2（循环控制）：如果 i≤100，重新返回执行步骤 S1；否则，算法结束。

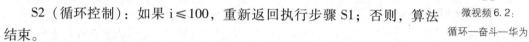

微视频 6.2：
循环—奋斗—华为

最后 sum 中的值就是 1+2+…+100 的值。

程序如下：

```
main( )
{
    int i = 1,sum = 0;
    while( i < = 100 )
    {
        sum = sum+i;
        i++;
    }
    printf( "1+2+…+100 = %d\n",sum );
}
```

【注意】编制循环程序要了解以下几点：

① 遇到数列求和、求积一类的问题，一般可以考虑使用循环结构来解决。

② 注意循环初值的设置。对于累加，常把初始值设置为 0；对于累乘，常把初始值设置为 1。

③ 在循环体中完成要重复进行的工作，同时要保证能使循环结束。循环的结束由 while 中的表达式（条件）控制。例 6.1 循环体中的 i++ 使得表示循环条件的值能发生变化，最终变为"假"而退出循环。

【例 6.2】利用 while 语句，计算 1+1/2+1/4+…+1/50 的值。

```
main( )
{   float sum=1;    int i=2;
    while(i<=50)
      {
          sum=sum+1.0/i;
          i+=2;
      }
    printf("%f",sum);
}
```

【注意】 例 6.2 中易犯的错误是把 "sum=sum+1.0/i;" 语句写成 "sum=sum+1/i;", 导致最后的结果为 1。原因是每个 1/i 的值都是 0。另外，循环条件也可以是 i<=25，i 的初值为 1，这时循环体变为：

```
sum=sum+1.0/(2*i);
i++;
```

【例 6.3】 输入一个正整数，按逆序输出该数，例如，输入 123，输出 321。

【分析】 由题意可知输入是一个正整数，所以定义 "int n;"。n>0 可作为循环条件，输入非正整数就不进入循环。若要按逆序输出，应先输出个位，取个位就要用取余运算，按循环设计思路，输出个位后，舍掉个位后原来的十位就成为新的个位了，由于位数不确定，可以用循环来完成。程序如下：

```
main( )
{   int n,d;
    scanf("%d",&n);
    while (n>0)
      {
          printf("%d",n%10);
          n=n/10;
      }
}
```

6.3　do-while 语句

do-while 语句的一般形式是：

```
do
  {
```

```
    语句序列(循环体)
} while(表达式);
```

其中，表达式称为循环条件，语句序列称为循环体。

为便于理解，可以将此循环语句读作"执行语句（循环体），当条件（循环条件）成立（为真）时，继续循环"或"执行语句（循环体），当条件（循环条件）不成立（为假）时，循环结束"。

执行过程是：

① 执行 do 后面循环体语句。

② 计算 while 后面的表达式的值，如果其值为"真"，则继续执行循环体；如果其值为"假"，则退出此循环结构。

【注意】 使用 do-while 语句时要注意以下两点：

① 执行 do-while 循环时，总是先执行一次循环体，然后再求表达式的值，因此，无论表达式的值是否为"真"，循环体至少都会被执行一次。

② do-while 循环与 while 循环十分相似，它们的主要区别是：while 循环先判断循环条件再执行循环体，循环体可能一次也不执行。do-while 循环先执行循环体，再判断循环条件，循环体至少执行一次。

③ 循环体中要有使循环趋于结束的语句，避免产生死循环。

【例 6.4】 利用 do-while 语句计算 $1+1/2+1/4+\cdots+1/50$ 的值。

```
main( )
{
    float sum=1;    int i=2;
    do
    {   sum=sum+1.0/i;
        i+=2;
    } while(i<=50);
    printf("%f", sum);
}
```

【例 6.5】 在实际应用中，有时要求输入奇数才能保证后续工作有意义，编制程序检查用户是否输入了正确的奇数。

程序如下：

```
main( )
{
    int n;
    do
```

```
        {   printf("Please input oddnumber:");
            scanf("%d", &n);
        } while (n%2==0);
        printf("n=%d\n", n);
    }
```

程序可能的运行结果为:

```
Please input oddnumber:4
Please input oddnumber:5
n=5
```

6.4　for 语句

for 语句的一般形式是:

for(表达式 1;表达式 2;表达式 3)　循环体

其中, for 是关键词, 其后有 3 个表达式, 各个表达式间用";"分隔。3 个表达式的类型可以是任意的, 通常主要用于循环控制。

读者可以对比 while 语句来理解 for 语句, 与上面的 for 语句等价的 while 语句的形式如下:

```
表达式 1;
while(表达式 2)
{
    循环体
    表达式 3;
}
```

for 语句的执行过程如下:

① 计算表达式 1。

② 计算表达式 2, 若其值非 0 (循环条件成立), 则转向③, 执行循环体; 若其值为 0 (循环条件不成立), 则转向⑤, 结束循环。

③ 执行循环体。

④ 计算表达式 3, 然后转向②, 判断循环条件是否成立。

⑤ 结束循环, 执行 for 循环之后的语句。

【例 6.6】利用 for 循环, 求 $s=1+2+\cdots+100$ 的值。

```
main()
    {
```

```
        int i, s;
        s=0;
        for(i=1; i<=100; i++)
            s=s+i;
        printf("%d", s);
    }
```

【例6.7】利用 for 循环，求正整数 n 的阶乘 n!的值，其中 n 由用户输入。

```
main( )
{
    int i,s,n;
    scanf("%d",&n);
    s=1;
    for(i=1;i<=n;i++)
        s=s*i;
    printf("%d,i=%d",s,i);
}
```

执行程序，如果输入：10，则输出结果为：

```
3628800,i=11
```

例 6.7 中的 for 语句也可以写为：

```
for(s=1, i=1; i<=n; s=s*i, i++);
```

其中，表达式 1 及表达式 3 是用逗号分隔的表达式，运算顺序从左至右，在此把初始化条件放入表达式 1 中，把循环体放入表达式 3 中，循环语句为空语句。

在编写 for 循环时，如果循环体在 for 后的括号外，则 for(……)后一定不能有分号，下面是常见的错误：

```
for(i=1;i<=n;i++) ;   /*此处有分号是错误的.*/
    s=s*i;
```

for 后面括号中的 3 个表达式都可以省略，例如：

```
for( ; ; ) 语句;
```

这条语句相当于：

```
while(1) 语句;
```

这样的程序中，循环条件永远成立，只能通过 break 语句退出循环。

【注意】for 后面括号中的表达式可以省略是一种特例，if、while 后面括号中的条件表达式不能为空。

6.5　break 语句和 continue 语句

微视频 6.4：
循环结构应用 1

1. break 语句

前面介绍了 3 种循环语句，通过执行循环体之前或之后对一个表达式进行测试来决定是否终止对循环体的执行。也可以在循环体中通过 break 语句立即终止循环的执行，转到循环结构的下一语句处执行。

break 语句只用于循环语句或 switch 语句中。在循环体中，break 语句常常和 if 语句一起使用，用来表示当条件满足时，立即终止循环。

【注意】执行 break 语句不是跳出 if 语句，而是跳出整个循环语句。

循环语句可以嵌套使用，break 语句只能跳出（终止）其所在的循环，而不能一下子跳出多层循环。要实现跳出多层循环可以设置一个标志变量，控制逐层跳出。

2. continue 语句

continue 语句的功能是结束本次循环，即跳过本层循环体中余下尚未执行的语句，转而再一次进行循环条件的判断。

【注意】执行 continue 语句并没有使整个循环终止。读者应该通过与 break 语句的比较，来了解 continue 语句的作用。

在 while 和 do-while 循环中，continue 语句使流程直接跳到循环控制条件的测试部分，然后决定是否继续执行循环。在 for 循环中，遇到 continue 语句后，跳过循环体中余下的语句，转而去对 for 语句中的表达式 3 求值，然后进行表达式 2 的条件测试，最后决定是否执行 for 循环。

continue 语句只终止本次循环，而不是终止整个循环结构的执行；而执行 break 语句后，则不再进行条件判断，直接终止整个循环。

在 C 语言中，这两个语句容易破坏程序的结构化表示，不提倡过多使用。

习题和实验

一、习题

1. 编程求 1~20 的阶乘的值，运行程序，注意验证当整数范围变化时结果的正确性。

2. 输出值为 33~127 的 ASCII 码值与 ASCII 字符的对照表。

3. 用 3 种循环语句分别求 n 为 5、10、20 时，$e = 1 + 1/1! + 1/2! + \cdots + 1/n!$ 的值。

4. 若有以下程序，为使此程序不陷入死循环，通过键盘输入的数据 n 应该是 _____。

```
main( )
{
    int n, t=1, s=0;
    scanf("%d", &n);
    do{
        s=s+t;
        t=t-2;
    } while (t!=n);
}
```

5. 分析下述程序的运行结果。

```
main( )
{
    int k=5, n=0;
    while(k>0)
    {
        switch(k)
        { default : break;
          case 1 : n+=k;
          case 2 :
          case 3 : n+=k;
        }
        k--;
    }
    printf("%d\n", n);
}
```

6. 分析下述程序的运行结果。

```
main( )
{   int a=1, b;
    for(b=1; b<=10; b++)
    {
        if(a>=8)    break;
        if(a%2==1) { a+=5;   continue;}
        a-=3;
```

```
    }
    printf("%d\n",b);
}
```

7. 分析下述程序的运行结果。

```
main( )
{   int i;
    for(i=0; i<3; i++)
      switch(i)
        { case 1: printf("%d", i);
          case 2: printf("%d", i);
          default: printf("%d", i);
        }
}
```

8. 分析下述程序的运行结果。

```
main( )
{
    int i=0, s=0;
    do{
        if(i%2){i++; continue;}
        i++;
        s+=i;
    }while(i<7);
    printf("%d\n", s);
}
```

9. 分析下述程序的运行结果。

```
main( )
{
    int x=3;
    do{
        printf("%d", x-=2);
    } while (!(--x));
}
```

10. 分析下述程序的运行结果。

```
main( )
{
    char c1, c2;
    for(c1='0', c2='9'; c1<c2; c1++, c2--)  printf("%c%c", c1, c2);
    printf(" \n");
    for(c1='0', c2='9'; c1<c2; c1++, c2--, printf("%c%c", c1, c2));
    printf(" \n");
}
```

11. 输入一长整型变量 s，从低位开始取出奇数位上的数，依次构成一个新数放在 t 中。例如，当 s 中的数为 4 576 235 时，t 中的数为 4 725。

二、实验

进入 Visual C++环境，按下表要求，填写正确代码和调试过程。

源代码	正确代码及调试过程记录
1. 编写一个程序：输入 n，显示 $2^2 \sim 2^n$ 的值。执行程序，输入 40 后，观察程序的运行结果。	
2. 用循环程序求 3.14159^{18} 的值。	

3. 执行并理解下述程序。
`#include <stdio. h>`
`int main( )`
`{`
`    int c; long n = 0;`
`    while ( ( c = getchar( ) ) != EOF)`
`        ++n;`
`    printf("%ld\n", n);`
`    return 0;`
`}`
	调试程序时输入：
	123（按 Enter 键）
	4567（按 Enter 键）
	^Z（按 Ctrl+Z 键）（按 Enter 键）

第7章

循环结构程序应用

在实际应用中，往往循环语句里面又套有循环语句，这称为循环嵌套。设计这类程序时，要注意完全嵌套，实现各自的循环控制。

7.1 循 环 嵌 套

【例7.1】编制程序，显示九九乘法口诀表。

【分析】让两个乘数分别从1变化到9，求出积，分9行9列显示，共81个算式。让变量i从1变到9，作为每一行的第一个乘数，每个i的值分别和1到9的数相乘，并显示乘积。程序如下：

```
main( )
{
    int i, j;
    for(i=1; i<=9; i++)
        { for (j=1; j<=9; j++)
            printf("%d * %d=%2d ", i, j, i*j);
        printf("\n");
        }
}
```

【思考】如何修改上述程序，才能得到如图7.1所示的显示形式？

图7.1 显示九九乘法口诀表

图7.1中，第1行显示1个口诀，第2行显示两个口诀……第9行显示9个口诀，为实现这一点，只要把内循环中的j<=9改为j<=i即可。

【例7.2】 编制程序，显示100~200之间的所有素数。

【分析】 从题意可知，要对100~200之间的每个数进行是否为素数的判断，则整个程序的主要框架应由如下的 for 循环构成：

微视频：
循环结构应用2

> for（i 遍历从100~200之间的每一个数）{判断 i 是否为素数，如果是，就显示它}

素数的定义是：除了1之外，只能被1和它本身整除的数是素数。为了判断一个数 n 是否为素数，可以用循环语句，让 n 除以2到 n-1 的每一个整数（实际上只要除到 sqrt(n)即可，这是为什么呢？请读者自行用反证法证明）。如果 n 能够被某个整数整除，则说明 n 不是素数，否则 n 是素数。

在除之前设置一个标志变量 yes，如果 yes 为1，表示 n 是素数；如果 yes 为0，则表示 n 不是素数。先假定 n 是素数，令 yes 值为1，在执行除法的循环过程中，一旦遇到能除尽的情况，就令 yes 为0。

初始化：yes=1；

循环试除：for(i=2; i<=sqrt(n); i++) if(n%i==0) yes=0；

综上分析可得下述程序：

```
#include <math.h>
main()
{   int i, j, n, yes;
    for(i=100; i<=200; i++)
    {
        n=i;    yes=1;
        for(j=2; j<=sqrt(n); j++)
            if(n%j==0) yes=0;
        if(yes)    printf("%4d", n);
    }
}
```

输出结果为：

101 103 107 109 113…（每输出一个数后就换行）

上面的例子中，在内循环的试除过程中，如果中间发生能除尽的情况，就没有必要再试除了。因为在试除的过程中，至少要试除一次，因此可以改用 do-while 循环来实现：

```
j=2;    yes=1;
do
{   if(n%j==0) yes=0;
    j++;
} while(条件表达式);
```

条件表达式是什么样呢？一方面要保证试除时 j 在指定范围内，又要在遇到除尽的情况就不再试除，即退出循环。考虑到标志变量就有表示是否为素数的作用，因此该表达式应该与因素 yes 和 j<=sqrt(n)有关，因此这个条件表达式可以写成：

```
yes==1 && j<=sqrt(n)        或        yes && j<=sqrt(n)
```

前者更好理解一些。修改后的程序如下：

```
#include <math.h>
main()
{
  int i, j, n, yes;
  for(i=100; i<=200; i++)
    {
        n=i;    yes=1;
        j=2;
        do
        {
            if (n%j==0) yes=0;
              j++;
        }while(yes && j<=sqrt(n));
        if(yes) printf("%4d", n);
    }
}
```

对于例7.2的要求，不用 do-while 循环，用 for 循环也可实现，只要把 for 循环中的表达式2设置为"yes && j<=sqrt(n)"即可。

例7.2中也可用 break 语句来提前终止循环，出于结构化程序设计的要求，本例使用了标志变量这种方式。读者可以自己试着写出用 break 语句来提前终止循环的程序。

7.2　其他应用例子

【例7.3】编制程序，显示如下图形：
```
*
**
***
****
*****
```
本例可以用 printf(" * ")形式的语句直接输出，下面用双重循环结构来实现要求。程序如下：

```
main( )
{
    int i, j;
    for(i=1; i<=5; i++)
    {
        for(j=1; j<=i; j++)
            printf(" * ");
        printf(" \n");
    }
}
```

【例7.4】编制程序，显示如下图形：

```
    *
   * *
  * * *
 * * * *
* * * * *
```

在输出"*"前先输出空格，随着行数增加而减少空格数，空格数与行数相关，为美观起见，每一个"*"前再加一个空格。程序如下：

```
main( )
{
    int i, j;
    for (i=1; i<=5; i++)
    {
        for(j=1; j<=5-i; j++)
            printf(" ");
        for(j=1; j<=i; j++)
            printf(" * ");
        printf(" \n");
    }
}
```

【例7.5】编制程序，求 1!+2!+3!+…+n!的值。

【分析】前面已经编制过求一个数的阶乘的程序，因此很容易想到用双重循环来解决这个问题。让变量i从1到n取值，用循环语句求出i!。值得注意的是，当求出前面一个数i的阶乘后，再求i+1的阶乘时，没有必要再从1开始乘了，因此在循环中要保存i的阶乘值，利用它计算i+1的阶乘时，只需再做一次乘法即可。程序如下：

```
main( )
{   int i, n;
    float s, j;
    printf("please input n:");
    scanf("%d", &n);
    s=1; j=1;
    for(i=2; i<=n; i++)
      {
        j=j*i;
        s=s+j;
      }
      printf("%f", s);
}
```

　　【例 7.6】 编制程序，输出 2～100 之间偶数的质因子积，例如，20 = 2 * 2 * 5，100 = 2 * 2 * 5 * 5。

　　【分析】 程序的大框架容易写出，如下所示：

```
for(i=2; i<=100; i+=2)
          {判断给定的 i 能被哪几个质因子整除,显示这些质因子的乘积}
```

　　任何一个偶数一定能被 2 整除，为了判断除以 2 后的商是否还能被 2 整除，就应该一直除下去，直到不能被 2 整除为止，这样就说明最后除剩下的商一定不能再被 2 的倍数整除；然后再试着除以 3，一直除下去，直到不能被 3 整除为止，这样就说明除剩下的商一定不能再被 3 的倍数整除……按相同的方法一直试除下去，这个过程中，后面的因子不可能是前面因子的倍数，所以后面的因子一定都是质因子。

　　对任意给定的一个偶数 j，它一定能被 2 整除，令因子 n = 2，用逐步变大的 n 去试除前面所得的商，直到除剩下的商小于 j/2，这是一个双重循环，对应的程序如下：

```
do
{
    while(n<j && j%n==0)
    {
        printf("%d", n);
        j=j/n;
        printf(" * ");
    }
    n++;
} while(n<j/2) ;
```

完整的程序如下:

```
main( )
{
    int i, j, n;
    for (i=2; i<=100; i+=2)
    {
        j=i;
        printf("%d=", j);
        n=2;
        do
        {
            while (n<j && j%n==0)
            {
                printf("%d", n);
                j=j/n;
                printf(" * ");
            }
            n++;
        } while (n<j/2);
        printf("%d\n", j);
    }
}
```

下面是完成此例的另一个程序,请读者自己分析该程序。

```
main( )
{
    int a, b, c;
    for(a=1; a<=50; a++)
    {
        printf("%d=2", 2 * a);
        b=a;    c=2;
        while(c<b)
        {
            if(b%c==0)
            {
                printf(" * %d", c);
```

```
                b=b/c;
            }
        else
            c++;
    }
    if(b>1)    printf(" * %d\n", b);
    else       printf(" \n");
    }
}
```

习题和实验

一、习题

1. 编制程序，显示所有水仙花数，所谓水仙花数是指 3 位整数，其各位数字的立方和等于该数本身，如 $153 = 1^3+5^3+3^3$。

2. 编制程序，输出 1 000 以内的完数，完数是指一个数等于它的所有因子之和，如 $6 = 1+2+3$。

3. 试改写例 7.2 中的程序，用 break 语句提前终止循环。

4. 阅读下述各题的要求，在程序中填空。

（1）以下程序的功能是计算 s=1+12+123+1234+12345 的值。

```
main()
{   int t=0, s=0, i;
    printf("s=1+12+123+1234+12345=");
    for (i=1; i<=5; i++)
    {   t=i+  ①  ;
        s=s+t;
    }
    printf("%d\n",s);
}
```

（2）以下程序的功能是输出以下方阵。

```
13   14   15   16
 9   10   11   12
 5    6    7    8
 1    2    3    4
```

```
main( )
{
    int i, j, x;
    for(j=4; j   ②   ; j--)
    {
        for(i=1; i<=4; i++)
        {   x=(j-1) * 4 +   ③   ;
            printf("%4d", x);
        }
        printf("\n");
    }
}
```

（3）以下程序的功能是输出 100 以内能被 3 整除且个位数为 6 的所有整数。

```
#include <stdio. h>
main( )
{
    int   i, j;
    for(i=0;   ④   ; i++)
    {   j=i * 10+6;
        if(   ⑤   ) continue;
        printf("%4d ", j);
    }
}
```

5. 用 1、2、3、4 这 4 个数字能组成多少个互不相同且无重复数字的 3 位数？分别是多少？编制程序，实现上述要求。

二、实验

进入 Visual C++环境，按下表要求，填写正确代码和调试过程。

源代码	正确代码及调试过程记录
1. 计算并输出下式中 s 的值： $s=1+1/(1+2)+1/(1+2+3)+\cdots+1/(1+2+3+\cdots+n)$。	

源代码	正确代码及调试过程记录

2. 要求输入一串数值字符，组成一个十进制整数，下面的程序能实现上述要求吗？
 	
``c
main( )
{
    int a=0, power=1;   char ch;
    do
    {
        ch=getchar( );
        if (ch>='0'&&ch<='9')
        {
            a=a+(ch-'0') * power;
            power=power * 10;
        }
    } while(ch>='0'&&ch<='9');
    printf(" \na=%d\n" , a);
}
``	

第 8 章

模块化程序设计

管理的重要原则是分而治之，分而治之的关键在于"分"和"治"。同样地，在软件开发中，一般把一个大规模的程序分解成若干个模块，由各个模块分工合作完成整个任务。

C 语言通过函数机制来实现模块化程序设计的要求和对程序规模的控制，本章除了学习模块化程序设计的基础知识外，还学习怎样自定义和使用函数。

8.1 模块化程序设计

一般应用程序都具有较大的规模，在软件开发中，通常的做法是对整个系统进行分解，把一个大的系统分为若干个模块。这些模块还可以再划分为更小的模块，直到各个模块达到程序员所能够控制的规模为止。

然后程序员分工编写各个模块的程序。因为各个模块功能相对独立，步骤有限，所以容易控制流程，编制和修改程序也比较容易。在 C 语言中，可以通过自定义函数来实现划分各个模块的设想。

前面几章介绍的所有程序都只由一个 main( ) 主函数组成。程序的所有操作都在主函数中完成。C 语言程序可以只包含一个 main( ) 函数，也可以包含一个 main( ) 函数和若干个其他函数。

使用函数的主要作用如下：

1. 通过函数控制变量的作用范围

变量都有自己的作用范围，一般变量在定义它的整个模块范围内全局有效。如果将一个程序全部写在 main( ) 函数内，变量可以在 main( ) 函数内的任何位置被访问，要改变变量的含义和用法，就需要在整个程序中对此变量进行修改，函数规模很大时，程序会越改越乱，有时甚至会导致程序员自己都看不明白自己编写的程序。通过定义子函数可以控制每一个函数的规模，利用局部变量机制控制好变量的作用范围。

2. 通过函数实现由多人分工协作完成程序开发

将程序划分为若干个函数，多个相对独立的函数可以由多人分别完成，每个人按照函数的功能要求和接口要求编制、调试代码，确保每个函数的正确性，最后再将所有函数合并在一起，统一调试、运行。

3. 通过函数重复利用已有的、调试好的程序模块

C语言的库函数（标准函数）是系统提供的、调试好的、常用的模块，可以直接使用。事实上我们自己编写的代码也可以重复使用，可以将已经调试好的，功能相对独立的程序代码段改写成函数，供重复使用。例如，系统没有提供判断一个数是否为素数的函数，我们就可以把自己编制的判断素数的程序段定义为函数，在应用中像使用系统函数一样使用它。

微视频8.2：自定义函数

8.2　自定义函数

8.2.1　函数定义的一般形式

函数应当先定义，后调用。函数定义的一般形式为：

```
［函数类型］函数名（［函数参数类型1 函数参数名1［,…［,函数参数类型 n 函数参数
名 n］…］］）
{
    ［声明部分］
    ［执行部分］
}
```

【例8.1】 编写函数求3个整数中的最大数。

程序如下：

```
int max( int x, int y, int z)
{
    int temp;
    temp=x>y?x:y;
    if ( z>temp) temp=z;
    return temp;
}
```

从例8.1可以看出，一个函数由函数头和函数体两部分组成。

1. 函数头

函数头说明函数类型、函数名称及参数表。

① 函数类型：是函数返回值的数据类型，可以是基本数据类型也可以是构造类型。如果将其省略，则系统默认为int，如果函数没有返回值，应将其定义为void类型。

② 函数名：是给函数取的名字，在实际应用中通过这个名字调用该函数。函数名由用户命名，命名规则同标识符。

③ 函数名后面是参数表，无参函数虽没有参数传递，但函数名之后的括号不能省略。参数表用于说明各参数的类型和形式参数的名称，各个形式参数间用","分隔。

2. 函数体

函数体：是函数头后面用一对"{}"括起来的部分。如果函数体内有多个"{}"，则最外层"{}"包含的内容是函数体的范围。

函数体一般包括两个部分：声明部分、执行部分。

① 声明部分：用于定义本函数所使用的变量和进行的有关声明（如本节后面要讲的函数声明）。

② 执行部分：是由若干条语句组成的命令序列（可以在其中调用其他函数）。

【注意】一个程序不能单独由除了 main( )函数以外的函数组成，函数可以被主函数或其他函数调用，也可以调用其他函数，但是不能调用主函数。

8.2.2 函数的参数和返回值

1. 形式参数（形参）

形式参数是定义函数时设定的参数。例 8.1 的函数头"int max(int x，int y，int z)"中的 x、y、z 就是形参，它们的类型都是整型。

2. 实际参数（实参）

实际参数是调用函数时所使用的实际的参数。在主函数中可以像调用系统函数一样调用 max( )函数，如"printf("%d"，max(4，1，7))；"，其中的 4、1、7 就是实参，这些实参也可以是其他整型表达式。

在调用函数时，主调函数和被调函数之间通过把实参传递给形参来实现数据的传递。

C 语言可以从函数（被调用函数）返回值给调用函数（这与数学中的函数类似）。在函数内通过 return 语句返回值。使用 return 语句能够返回一个值，也可以不返回值（此时函数类型是 void），当程序执行到 return 语句时，程序的流程就返回到调用该函数的地方，并带回函数值。根据需要可以在一个函数内设计多个 return 语句。return 语句的格式为：

return［表达式］；　或　return（表达式）；

【注意】使用函数时要注意以下几点：

① 函数的类型就是返回值的类型，return 语句中表达式的类型应该与函数类型一致，如果不一致，以函数类型为准（赋值转化）。

② 函数类型如果省略，则默认其类型为 int。

③ return 语句中也可以不含表达式，如果函数没有返回值，则应当说明函数类型为 void（无类型）。

8.2.3 函数的调用

无参函数没有参数，但是调用时"()"不能省略，有参函数若包含多个参数，各参数间用","分隔，实参参数个数与形参参数个数相同，类型一致或赋值兼容。

1. 单独语句调用

可以用单独语句的形式调用函数（调用语句后面要加一个分号，以构成语句）。以语句形式调用的函数可以有返回值，也可以没有返回值，如"swap(x, y);"。

2. 在表达式中调用（语句中被调用函数后面没有分号）

在表达式中被调用的函数必须有返回值，没有返回值的函数不能以表达式的形式调用。例如：

```
if( prime( n) ) printf( "%d", n) ;
printf( "%d", max( n1, n2, n3) ) ;
fun1( fun2( ) ) ;
```

最后这条语句是被调用的函数 fun1( )再调用函数 fun2( )，函数 fun2( )的返回值作为函数 fun1( )的参数。

如果函数 fun1( )的定义是：

```
void fun1( int x)
    {…}
```

则语句"a=fun1(9);"是错误的。

8.2.4 定义函数的位置

main( )函数（主函数）是每个程序的起始执行点，对于一个 C 程序，不论 main( )函数在程序中的位置如何，总是从 main( )函数开始执行。可以将 main( )函数放在整个程序的最前面，也可以放在整个程序的最后面，或者放在其他函数之间。

函数定义的位置可以放在调用它的函数之前，也可以放在调用它的函数之后，甚至可以位于其他的源程序模块中，但不能嵌套定义，也就是不能在一个函数内再定义另一个函数。

如果函数定义位置在前，函数调用在后，则对该函数不必声明，编译程序会产生正确的调用格式。

如果函数定义在后，而调用它的函数在前，或者函数在其他源程序模块中，且函数类型不是整型，这时为了使编译程序产生正确的调用格式，必须在使用函数前对函数进行声明。这样不管函数在什么位置，编译程序都能产生正确的调用格式。

函数声明的格式为

```
函数类型 函数名([参数类型][,…, [参数类型]]);
```

函数声明语句中，函数类型必须与函数返回值一致，函数声明可以是单独的一条语句，也可与其他变量一起出现在同一个定义语句中。

C 语言的库函数就位于其他模块中，为了正确调用，C 编译系统提供了扩展名为 .h 的头文件。这种头文件内的许多内容都是函数声明，当源程序要使用库函数时，就应当包含相应的头文件。

8.2.5 函数之间的通信

按模块化思路设计程序，各个函数虽相对独立，但不是孤立的，它们相互间进行数据传递，以实现程序数据的通信，协调一致地完成整个工作。主程序或主调函数调用其他函数时，以参数传递的方式把数据传给被调用函数；被调用函数通过函数的返回值把数据带回主调函数。另外，它们之间还可以通过访问作用范围为全局的全局变量（后面介绍）来相互联系。

8.3 函数应用举例

微视频 8.3：
函数应用举例

【例 8.2】用函数调用的方法重新编制例 7.2 要求的程序：求 100 ~ 200 之间的所有素数。

先单独列出原来程序中判断 n 是否为素数的程序段：

```
n=i;    yes=1;
for(j=2; j<=sqrt(n); j++)
  if(n%j==0)    yes=0;
if(yes)    printf("%4d", n);
```

根据函数自定义要求，写出判断 n 是否为素数的函数：

```
int prime(int n)
{    int j, yes;
     yes=1;
     for(j=2; j<=sqrt(n); j++)
         if(n%j==0)    yes=0;
     return yes;
}
```

完整的程序如下：

```
#include <math.h>
main()
{    int i, j, n;
```

```
    int prime(int n);            /* 函数声明 */
    for(i=100; i<=200; i++)
    {   n=i;
        if (prime(n)) printf("%4d", n);
    }
}
int prime(int n)
{   int j, yes;
    yes=1;
    for(j=2; j<=sqrt(n); j++)
        if(n%j==0) yes=0;
    return yes;
}
```

和例 7.2 中原来的程序相比，可以发现使用函数后，程序更长了，但是，如果程序中要多次判断 n 是否为素数，则通过调用函数，就可以大大简化程序。

【例 8.3】编制程序，验证哥德巴赫猜想。

很容易可以得到：$4=2+2$，$6=3+3$，$8=5+3$，$10=7+3$，$12=7+5$，$14=11+3$。

上面的式子表示：4、6、8、10、12、14 都可以表示成两个素数之和。那么，是不是所有大于 2 的偶数，都可以表示为两个素数的和呢？德国数学家哥德巴赫（C. Goldbach，1690—1764 年）于 1742 年 6 月 7 日在给大数学家欧拉的信中提出了这个问题，这个问题就是哥德巴赫猜想。同年 6 月 30 日，欧拉在回信中认为这个猜想可能是真的，但他无法证明。现在，哥德巴赫猜想的一般提法是：每个大于或等于 6 的偶数，都可表示为两个奇素数之和；每个大于或等于 9 的奇数，都可表示为 3 个奇素数之和。其实，后一个命题就是前一个命题的推论。

哥德巴赫猜想看似简单，要证明却非常难，它是数学中的一个著名难题。18—19 世纪，对于这个猜想的证明都没有实质性的推进，直到 20 世纪才有所突破。1937 年苏联数学家维诺格拉多夫用他创造的"三角和"方法，证明了"任何大奇数都可表示为三个素数之和"。不过，维诺格拉多夫对所谓大奇数的要求是该数要大得出奇，与哥德巴赫猜想的要求仍相距甚远。

直接证明哥德巴赫猜想不行，人们采取了迂回战术，就是先考虑把偶数表示为两数之和，而每一个数又是若干素数之积。如果把命题"每一个大偶数可以表示成为一个素因子个数不超过 a 个的数与另一个素因子不超过 b 个的数之和"记作"a+b"，那么要证明哥氏猜想，就是要证明"1+1"成立。从 20 世纪 20 年代起，国内外的一些数学家先后证明了"9+9""2+3""1+5""1+4"等命题。

1966 年，我国的年轻数学家陈景润，在经过多年潜心研究之后，成功地证明了"1+2"，也就是证明了"任何一个大偶数都可以表示成一个素数与另一个素因子不超过两个

的数之和"。它是迄今为止在这一研究领域的最佳成果,在国际数学界引起了轰动,"1+
2"也被誉为陈氏定理。

【分析】可以用下述方法验证哥德巴赫猜想,对给定的偶数 n,先找出一个小素数 a,
然后验证 b=n-a 是否也为素数,如果 b 不是素数,找下一个素数 a,直到找到 b 也是素数
为止。在例 8.2 中编写了判断一个数是否为素数的函数,现在直接应用即可。

程序如下:

```
#include <math. h>
main( )
{   int i, j, a, b, n;
    int prime(int n);
    for(i=4; i<=100; i=i+2)
    {   n=i;    a=1;
        do
        {   a++;
            while (!prime(a))    a++;
            b=n-a;
        } while (!prime(b));
        printf("%d=%d+%d\n", n, a, b);
    }
}
```

8.4 函数的嵌套和递归调用

微视频 8.4:
函数的嵌套和
递归调用

1. 函数嵌套调用

函数嵌套调用是指在函数调用中又存在函数调用,如函数 1 调用函
数 2,函数 2 又调用函数 3。函数之间没有从属关系,一个函数可以被其
他函数调用,同时该函数也可以调用其他函数。

2. 函数递归调用

函数递归调用是指函数直接调用或间接调用自身,或在调用一个函数的过程中出现
直接或间接调用该函数自身的情况,前者称为直接递归调用,后者称为间接递归调用。
例如,main( )→f1( )→f1( )为直接递归调用,main( )→f1( )→f2( )→f1( )为间接递归
调用。

使用递归调用解决问题的方法(有限递归):如果原有的问题能够分解为一个新问题,
而新问题又用到了原有的解法,这时就出现了递归。按照这个原则分解下去,每次出现的
新问题是原有问题的简化的子问题。最终分解出来的新问题是一个已知解的问题。

递归调用过程分两个阶段：

（1）递推阶段：将原问题不断地分解为新的子问题，逐渐从未知向已知的方向递推，最终达到已知的条件，即递归结束条件，这时递推阶段结束。

（2）回归阶段：从已知条件出发，按照"递推"的逆过程，逐一求值回归，最终到达"递推"的开始处，结束回归阶段，完成递归调用。

【例 8.4】用递归调用的方法求 n!

先看计算 n! 的公式：

$$n! = n \times (n-1) \times (n-2) \times \cdots \times 1 = n \times (n-1)!$$

将上述公式转化为下述的递归公式：

n=0 或 1 时：f(n)=1；

n>1 时：f(n)= n * f(n-1)；

程序如下：

```
main( )
{
    int n;
    float fac(int n);
    scanf("%d", &n);
    printf("%d! =%f", n, fac(n));
}
float fac(int n)
{
1:   int y;
2:   if(n<=1)
3:       return 1;
4: else
5:     {   y=fac(n-1);
6:         return n * y;
7:     }
}
```

在主程序调用子程序时，系统一般会先把当前的信息存入系统栈，为新程序建立新的工作环境，工作完成返回主调程序后再恢复保存的信息，从原来的断点处继续执行，本例中为图 8.1 所示的递归过程，在函数 fac( ) 中加入行标号，以示断点位置。

【例 8.5】Hanoi（汉诺塔）问题：古代有一座梵塔，塔内有 3 个座 1、2、3，开始时 1 座上有 64 个盘子，盘子大小不等，大的在下，小的在上。有一个老和尚想把这 64 个盘子从 1 座移到 3 座上，但每次只允许移动一个盘子，且在移动过程中每个座上都始终保持大盘在下，小盘在上。在移动过程中可以利用 2 座，编写程序显示出移动的步骤。hanoi（汉

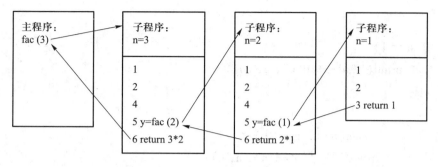

图 8.1 递归过程

诺塔）问题是一个经典的数学问题，它是一个典型的可以用递归方法解决的问题。

我们先分析将 1 座上 3 个盘子移到 3 座上的过程：

第 1 步：将 1 座上的两个盘子移到 2 座上（借助 3 座）。

第 2 步：将 1 座上的 1 个盘子移到 3 座上。

第 3 步：将 2 座上的两个盘子移到 3 座上（借助 1 座）。

其中第 2 步可以直接实现。第 1 步（将 1 座上的两个盘子移到 2 座上）又可用递归方法分解为：

① 将 1 座上的 1 个盘子移到 3 座上。

② 将 1 座上的 1 个盘子移到 2 座上。

③ 将 3 座上的 1 个盘子移到 2 座上。

同样地，其中第 3 步（将 2 座上的两个盘子移到 3 座上）可以分解为：

① 将 2 座上的 1 个盘子移到 1 座上。

② 将 2 座上的 1 个盘子移到 3 座上。

③ 将 1 座上的 1 个盘子移到 3 座上。

综上所述，可得到移动 3 个盘子的步骤为：

1→3，1→2，3→2，1→3，2→1，2→3，1→3

仿照这样的分析，可以将 1 座上的 4 个、5 个、6 个……盘子移到 3 座上。程序如下：

```
main( )
{
    void hanoi(int n, int a, int b, int c);
    int n;
    scanf("%d", &n);
    hanoi(n, 1, 2, 3);
}
void hanoi(int n, int a, int b, int c)
```

```
{
    if( n == 1)
        printf("%d->%d\n", a, c);
    else
        {
            hanoi(n-1, a, c, b);
            printf("%d->%d\n", a, c);
            hanoi(n-1, b, a, c);
        }
}
```

习题和实验

一、习题

1. 输入年、月、日，输出该天是本年的第几天（用自定义函数实现）。

2. 输入一串字符，遇到空格结束输入，然后逆向输出该字符串，用递归实现。

3. 理解下面的程序，然后编写程序，分别求出汉诺塔问题中 n 为 20 及 30 时用的机器时间。

```
#include<time.h>
main( )
{
    int s1, s2;
    s1 = time(0);
    getchar( );
    s2 = time(0);
    printf("%d", s2-s1);
}
```

4. 用递归方法实现将整数转换为任意进制数的函数，例如，在程序中输入 n 和 k，n 为十进制整数，k 在 2~16 之间，请把十进制数 n 转化为 k 进制数输出。

二、实验

进入 Visual C++环境，按下表要求，填写正确代码和调试过程。

源代码	正确代码及调试过程记录

1. 下述程序的功能是求 x^n 的值。
 	
``c
main( )
{   int x, n, s;
    s=power(x, n);
}
power(y)
{
    int i, p=1;
    for(i=1; i<=n; i++)
        p=p*y;
}
``	

2. 通过下述程序,理解函数参数的传递。
 	
``c
void f(int a, int b, int c, int d)
{
    printf("%d%d%d%d", a, b, c, d);
}
main( )
{
    int i=1;
    f(i, ++i, ++i, i++);
    printf("i=%d", i);
}
``	

第9章
变量的存储属性和预编译命令

变量是对程序中数据存储空间的抽象。变量除了具有数据类型特性外，还有存储属性特性。本章除了介绍变量的存储属性外，还要介绍编译过程中的预处理。

9.1　变量的存储属性

在 C 语言中，变量的存储属性体现在以下 3 个方面。

（1）按变量存储位置来分，有位于寄存器的变量，有位于主存的变量，不同存储位置的变量，访问速度及方式也不同。

微视频 9.1：
存储属性

（2）按变量存在的时间（即生存期）及分配方式来分，有静态存储方式和动态存储方式。静态存储的变量在编译时分配存储位置，在程序运行时有固定的存储空间。动态存储的变量在程序运行期间根据需要进行动态的存储空间分配。

（3）每个变量都有其作用域（即有效范围），作用域也称为变量的可见属性。变量定义的位置决定了变量的作用域。变量从作用域的角度可以分为局部变量和全局变量。

① 局部变量也称为内部变量，它是在函数内或复合语句内定义说明的变量，其作用域仅限于定义它的函数或复合语句内部，离开该函数或复合语句后再使用这种变量是非法的。

② 全局变量是在函数之外定义的变量，也称为外部变量，外部变量是全程变量，它的有效范围为从定义变量的位置开始到本源文件结束。

在 C 语言中用 4 个类型说明符 register、auto、static、extern 来表示变量的存储属性。

微视频 9.2：
吟月诗与全局
变量

在定义一个变量时，除了指定其数据类型以外，还可以指定存储属性，一般定义格式为：

［存储类型］数据类型 变量表；

例如，"register int a；"语句定义了一个寄存器类型的整型变量 a。

9.1.1　自动变量

自动（auto）变量的存储方式是 C 语言默认的局部变量的存储方式，也是局部变量最常用的存储方式，其作用域仅限于定义它的函数或复合语句内。

只有在执行自动变量所在的函数或复合语句时，系统才动态地为其分配存储单元，当执行结束后，自动变量失效，它所在的存储单元被系统释放，所以原来的自动变量的值不能保留下来。若对同一函数再次调用时，系统会对相应的自动变量重新分配存储单元。

微视频 9.3：
四类存储属性
标识符用法

自动变量的定义格式为：

[auto] 类型说明 变量名;

其中，auto 为自动存储类别关键词，可以省略，省略时，系统默认变量类型为 auto 型。

在函数中定义变量，下面两种写法是等效的，它们都定义了 3 个整型 auto 型变量 x、y、z。

int x, y, z;　　　或　　　auto int x, y, z;

前面各章提到的函数中的局部变量，如果没有被明确定义为 auto 型，那么实际上它们都属于 auto 型变量。

【例 9.1】auto 型变量应用程序示例。

```
main( )
{
    int x=1;
    {   void prt(void);
        int x=3;
        prt( );
        printf("2nd x=%d\n", x);
    }
    printf("1st x=%d\n", x);
}
void prt(void)
{
    int x=5;
    printf("3rd x=%d\n", x);
}
```

程序执行流程如图 9.1 所示。
程序运行结果为：

```
3rd x=5
2nd x=3
1st x=1
```

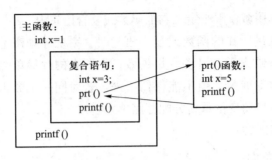

图 9.1　程序执行流程

复合语句内用语句"int x = 3;"又定义了一个局部变量,因此除在函数体说明部分定义变量外,还可以在复合语句内定义变量。

【思考】如果把复合语句内的"int x = 3;"改为"x = 3;",结果会是什么?

9.1.2　寄存器变量

寄存器(register)变量的存储方式是 C 语言中使用较少的一种局部变量的存储方式。该方式将局部变量存储在 CPU 的寄存器中,计算机对寄存器的操作要比对内存快得多,所以可以将程序中在一段时间内要反复进行操作的局部变量存放在寄存器中。

寄存器变量的定义格式为:

［register］类型说明　变量名;

9.1.3　静态变量

静态(static)变量的存储方式是在程序编译时就给相关的变量分配固定存储空间(在整个程序运行期间内,存储位置都不变)的变量。

静态变量的定义格式为:

［static］类型说明　变量名;

C 语言中,使用静态存储方式存储的变量主要有静态存储的局部变量和静态存储的全局变量。

1. 静态存储的局部变量

静态存储的局部变量(简称静态局部变量)在函数内定义,它的存储空间在程序编译时由系统分配,在整个程序运行期间其空间位置都固定不变。该类变量在包含它的函数调用结束后仍然保留变量值。下次调用该函数,静态局部变量中仍保留上次调用结束时的值。

静态存储的局部变量的初值在程序编译时一次性赋予,在程序运行期间不再执行赋初值语句,以后若改变了值,则保留最后一次改变后的值,直到程序运行结束。对未赋初值的静态局部变量,C 编译程序自动给它赋初值 0。

【例 9.2】 静态局部变量应用程序示例。

```
main( )
{
    void increment( void ) ;
    increment( ) ;
    increment( ) ;
    increment( ) ;
}
void increment( void )
{
    static int x = 0 ;
    x++;
    printf( " %d " , x ) ;
}
```

程序运行结果为:

```
1 2 3
```

2. 静态存储的全局变量

C 语言中, 全局变量都采用静态存储方式存储, 即在编译时就为相应全局变量分配固定的存储单元, 且在整个程序执行过程中存储位置保持不变。对全局变量赋初值也是在编译时完成的。

因为全局变量都是静态存储的, 所以没有必要为说明全局变量是静态存储而使用关键词 static。如果使用了 static 强调全局变量, 不是表示"此全局变量要用静态方式存储", 而是表示"这个全局变量只在本源程序模块（文件作用域）中有效"。

【例 9.3】 静态全局变量应用程序示例。

```
int a = 1 ;
fun( int b )
{
    static int c = 2 ;
    c += b ;
    a = c ;
    printf( " c = %d\n" , c ) ;
    return c ;
}
```

```
main( )
{
    int x=3;
    printf("a=%d %d \n", a, fun(x+fun(a)));
}
```

程序运行结果为:

```
c=3
c=9
a=9 9
```

【思考】 如果把 main( ) 函数中的输出语句改为 "printf("%d a=%d\n", fun(x+fun (a)), a);", 结果会一样吗?

【例 9.4】 静态存储的局部变量应用程序示例。

```
int a=2;
int f( int n)
{
    static int a=3;
    int t=0;
④   if(n%2)
    {
        static int a=4;
⑤      t+=a++;
    }
    else
    {
        static int a=5;
⑥      t+=a++;
    }
⑦   return t+a++;
}
main( )
{   int s=a, i;
①   for(i=0; i<3; i++)
②       s+=f(i);
③   printf("%d\n",s);
}
```

程序运行结果为：29

程序的静态内存分配示意和主函数 3 次调用函数 f( ) 的分析过程如图 9.2 所示。

数据	a=2	s=2 i=?	n=? t=0 a=3	a=4	a=5
语句		①②③	④⑦	⑤	⑥
①		i=0			
④			n=0		
⑥			t=5		a=6
⑦			a=4		
②		s=2+8			
①		i=1			
④			n=1 t=0		
⑤			t=4	a=5	
⑦			a=5		
②		s=10+8			
①		i=2			
④			n=2 t=0		
⑥			t=6		a=7
⑦			a=6		
②		s=18+11			

图 9.2 静态内存变量分配和程序执行过程动态示意图

代码 "int a=2;" 定义了一个全局变量，其作用域为全程，但 f( ) 函数内又定义了 3 个静态变量，并且与之同名，当局部变量与全局变量重名时，局部变量起作用。

9.1.4 用 extern 声明外部变量 ···□

外部变量（即全局变量）在函数的外部定义，它的作用域为从变量的定义处开始，到本程序文件的末尾处结束。在此作用域内，全局变量可以被程序中的各个函数引用。编译时将外部变量分配在静态存储区，但有时需要用 extern 来声明外部变量，以扩展外部变量的作用域。

1. 在一个文件内声明外部变量

如果外部变量不在文件的开始处定义，则其有效的作用范围只限于定义处到文件末尾。如果在定义点之前的函数想引用该外部变量，则应该在引用之前用关键字 extern 对该变量进行"外部变量声明"，声明该变量是一个已经定义的外部变量。有了此声明，就可以从"声明"处起，合法地使用该外部变量。

【例 9.5】 用 extern 声明外部变量，扩展它在程序文件中的作用域。

```
int max(int x, int y)          /*定义 max( )函数*/
{
    int z;
    z=x>y?x:y;
    return(z);
}
main( )
{
    extern a, b;               /*外部变量声明*/
    printf("%d", max(a,b));
}
int a=13, b=23;
```

程序运行结果为

```
23
```

在本程序文件的最后一行定义了外部变量 a、b，由于外部变量定义的位置在函数 main( )之后，因此理论上在 main( )函数中不能引用外部变量 a 和 b，但是在 main( )函数的第 2 行用 extern 对 a 和 b 进行了"外部变量声明"，表示 a 和 b 是已经定义的外部变量，这样在 main( )函数中就可以合法地使用全局变量 a 和 b 了。如果不作 extern声明，编译时将出错，系统不会认为 a、b 是已定义的外部变量。较好的做法是把外部变量的定义放在引用它的所有函数之前，这样可以避免在函数中多加一个 extern声明。

2. 在多文件的程序中声明外部变量

例如，在某一个文件中定义外部变量 num，而在另一文件中用语句"extern num；"对 num 作"外部变量声明"。在编译和连接时，系统会由此知道 num 是一个已在别处定义的外部变量，并将在另一文件中定义的外部变量的作用域扩展到本文件，使得在本文件中也可以合法地引用外部变量 num。

9.2 编译预处理

用 C 语言设计程序，一个比较大的特点是对 C 编译环境中的内容能进行预处理，从而可以直接使用系统提供的某些内容。C 语言标准规定可以在 C 源程序中加入一些"预处理命令"，以改进程序设计环境，提高编程效率。这些预处理命令由 ANSI C 统一规定，它们不是 C 语言本身的组成部分，系统不能直接对它们进行编译。在对程序进行通常的编译（包括词法分析和语法分析、代码生成、优化等）之前，必须先对程序中这些特殊的命令进行"预处理"。经过预处理后，程序不再包括这些预处理命令了，最后再由编译程序对预处理后的源程序进行通常的预编译，得到可供执行的目标代码。

9.2.1 宏替换

1. 不带参数的宏定义

用户可以定义一个标识符表示一个字符串，这称为宏定义，其一般形式为：

微视频 9.4：
宏替换

> # define 标识符 字符串

例如，"#define PI 3.1415926"。

这种方法使用户能以一个简单的名字（称为宏名）代替一个长的字符串。宏定义一般放在文件开始处；为了与变量相区别，宏名一般用大写表示（以上两点不是语法规定）。一行只能定义一个宏，若一行定义不完，要在最后加一个反斜线"\"。同一个宏名不能重复定义。

宏定义只是用宏名代替一个字符串，不进行语法检查，宏定义不是语句，不加分号；否则，编译时会连分号一起进行替换，如对于下述程序段：

> # define PI 3.1415926;
> area＝PI＊r＊r;

编译时经过宏展开后，该语句变成"area＝3.1415926;＊r＊r;"，这显然会出现语法错误。

宏名的有效范围是定义命令之后到文件结束，可以用#undef 命令终止宏定义的作用域。例如：

> #define G 9.8
> main( )
> 　　｛　　……　　｝
> #undef G
> f1( )

在进行宏定义时，可以引用已定义的宏名，层层置换，例如：

> #define R 3.0
> #define PI 3.1415926
> #define L 2＊PI＊R

```
#define S PI * R * R
main( )
{
    ⋮
    printf("%f %f\n", L, S);
    ⋮
}
```

2. 带参数的宏定义

用户还可以定义带参数的标识符表示一个字符串,定义的一般形式为:

#define 宏名(参数表) 字符串

编译时除了进行简单的字符串替换外,还要进行参数替换,如对于下述程序段:

```
#define S(a, b) a * b
area = S(3, 2);
```

编译时,用 3 和 2 分别代替宏定义中的形式参数 a 和 b,即用 3 * 2 代替 S(3,2),因此赋值语句展开为:

area = 3 * 2;

如果有:

```
#define S(r) PI * r * r
area = S(a+b);
```

这时将 r 换成 a+b,结果为:

area = PI * a+b * a+b;

【注意】a+b 外面没有括号。若希望得到 "area = PI * (a+b) * (a+b);",则定义时应写为 "#define S(r) PI * (r) * (r)",进行宏定义时,在宏名和带参数的括号之间不应加空格,否则系统会将空格以后的字符也作为字符串,例如,"#define S (r) PI * r * r"。

按上面的定义,S 将被认为是符号常量(不带参数的宏名),它表示字符串 "(r) PI * r * r"。

带参数的宏与函数有如下 4 点区别:

① 函数调用时,先求出实参表达式的值,然后将求得的值传入形参;而带参数的宏只是进行简单的字符替换,不求中间结果。

② 函数调用在程序运行时进行,分配临时的内存单元;而宏展开在编译时进行,不分配内存单元,不进行值的传递,没有返回值。

③ 函数中实参和形参类型要一致,宏不存在类型,宏名也无类型,只是一个符号代表。

④ 宏替换不占用运行时间,只占编译时间,而函数调用占用运行时间。

9.2.2 文件包含处理

文件包含是指一个源文件可以将另外一个源文件的所有内容包含进来，其一般形式是：

```
#include "文件名"
```

微视频 9.5：
文件包含

【例 9.6】文件包含应用示例。

已知文件 h1.h 的内容为：

```
#define PR printf
#define NL "\n"
#define D "%d"
#define D1 D NL
```

文件 ex1.c 的内容为：

```
#include "h1.h"
main()
{
    int a = 1;
    PR(D1, a);
}
```

编程将上面两个文件合并起来，程序如下：

```
main()
{
    int a = 1;
    printf("%d\n", a);
}
```

【注意】编译时相当于将两个文件合并为一个源程序，只对 ex1.c 编译，即可得到一个目标文件。

说明：

① 一个 include 命令只能指定一个被包含文件。

② 在#include 命令中，文件名可以用双引号或尖括号括起来。例如，"#include "file2.h""或"#include <file2.h>"都是合法的。两者的区别是：用双引号时，系统先在源文件所在的文件夹中寻找要包含的文件，若找不到，再按系统指定的标准方式检索其他文件夹；而用尖括号时，直接按系统指定的标准方式检索文件目录。一般用双引号比较保险。

习题和实验

一、习题

1. 分析下述程序的运行结果。

```
fun(int a)
{
    int b=0;
    static int c=3;
    b++;    c++;
    return a+b+c;
}
main()
{
    int i, a=5;
    for(i=0; i<3; i++)    printf("%d %d ", i, fun(a));
    printf("\n");
}
```

2. 下述程序中，for 循环体的执行次数是_____。

```
#define N 2
#define M N+1
#define K M+1 * M/2
main()
{
    int i;
    for(i=1; i<K; i++)
        {......}
}
```

3. 分析下述程序的运行结果。

```
#define f(x) (x * x)
main()
{
    int i1, i2;
    i1=f(8)/f(4);    i2=f(4+4)/f(2+2);
```

```
        printf("%d,%d", i1, i2);
    }
```

4. 分析下述程序的运行结果。

```
fun(int a, int b)
{
        static int m=0, i=2;
        i+=m+1;   m=i+a+b;
        return(m);
}
main()
{
        int k=4, m=1, p;
        p=fun(k, m);
        printf("%d,", p);
        p=fun(k, m);
        printf("%d\n", p);
}
```

5. 分析下述程序的运行结果。

```
int a=3, b=5;
max(int a, int b)
{
        int c;
        c=a>b?a:b;
        return(c);
}
main()
{
        int a=8;
        printf("%d\n", max(a, b));
}
```

二、实验

进入 Visual C++环境，按下表要求，填写正确代码及调试过程。

源代码	正确代码及调试过程记录

调试下述程序，理解程序的功能。
#include <stdio. h>
fun(int a, int b)
{
　　int c;
　　c=a+b;
　　return c;
}
main( )
{
　　int x=6, y=7, z=8, r;
　　r=fun((x++, y++, x+y) , z--) ;
　　printf(" %d\n" , r) ;
}	

第 10 章

数组

在程序中一般通过数组实现对大批相同属性的数据进行处理。

本章介绍一维数组的定义和对一维数组元素的访问方法；介绍冒泡排序算法、选择排序算法的思想以及排序算法的改进思路；介绍查找算法中顺序查找和折半查找的程序设计方法。

10.1 数 组

前 9 章使用的都是基本类型（整型、字符型、实型）的数据，C 语言还提供了构造类型的数据，它们包括数组类型、结构体类型、共用体类型。构造类型数据由基本类型数据按一定规则组成，因此也称它们为"导出类型"。

在前面的程序中只涉及少量的变量。在实际问题中往往会有很多数据，只定义几个变量不能解决问题。如处理一个班的学生的 C 语言程序成绩、求出全班各科总分的前 n 名、对 n 阶矩阵进行相关的运算等，这些问题不能再用几个变量实现。在实际应用中，还可能会用多个同类型变量保存程序中个数不确定的一些数据。可以看出这些问题的共性是要处理一批性质相同的数据。

在程序设计中，为了处理方便，往往把具有相同类型的若干数据有序地组织起来，这些数据的集合称为数组。数组属于构造类型。

数组是有序数据的集合。数组中的每一个元素都属于同一个数据类型，用一个统一的数组名和下标来唯一地确定数组中的元素。

10.2 一 维 数 组

10.2.1 一维数组的定义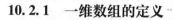

微视频 10.1：
一维数组

定义一维数组的一般形式为：

类型说明符 数组名[常量表达式];

例如：

```
int a[10];                    //定义了有10个元素的整型数组a
float b[20], c[15];           //分别定义了有20个、15个元素的实型数组b、c
```

对于数组 a，程序运行时，系统在内存中给它分配若干个连续的空间，如图 10.1 所示。

说明：

① 数组定义中的类型说明符是任意一种基本类型或构造类型，数组名遵循标识符命名规则，不能和其他变量同名，可以和普通变量名同时出现在一个类型的定义语句中。

② 常量表达式用方括号括起来。

③ 常量表达式为数组元素个数，即数组的长度或大小；可以是常量或符号常量，但不能是变量。

④ 数组类型为数组中每一个元素的类型。

⑤ 数组必须先定义后使用，只能逐个引用数组元素而不能一次引用整个数组。

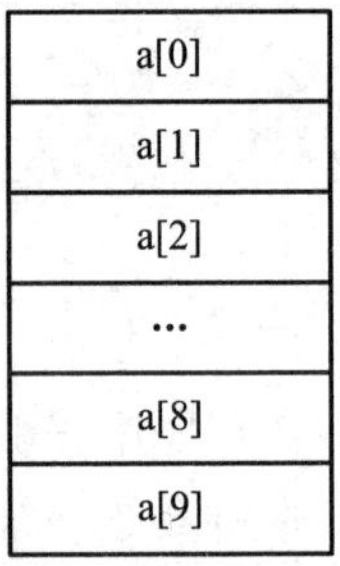

⑥ 不能定义动态数组，以下程序段是一个典型的错误定义方式：

| a[0] |
| a[1] |
| a[2] |
| ... |
| a[8] |
| a[9] |

图 10.1 数组元素内存分配示意

```
int n;
scanf("%d", &n);
int a[n];
```

数组的大小不能依赖于程序运行过程中变量的值，即 C 语言不允许对数组的大小作动态定义。如果出现这类问题，编译时会有错误提示 "Cannot allocate an array of constant size 0"。

数组定义语句也不能放在复合语句中。

可以把数组的大小定义得大一些，在实际应用中只使用其中一部分。

10.2.2 一维数组的引用

访问一维数组时，要注意以下几点：

① 数组与变量一样，必须先定义后引用，在简单变量出现的位置都能使用原类型的数组元素。

② 引用数组元素的方法是：数组名 [下标]。

③ 下标可以是整型常量或整型常量表达式，其值从 0 开始计算，例如，包含 10 个元素的数组的第一个元素是 a[0]，最后一个元素是 a[9]。引用数组时不能超界，如果超界，系统不报错，但所得到的数据是随机的；如果是超界写入数据，则可能会引起系统出错。

④ C 语言还规定数组名表示数组的首地址。即对于数组 a，a 和 &a [0] 的值相等，语句 "scanf("%d", a);" 用于完成 a[0]值的输入。

定义和引用数组元素的例子见下述程序段：

```
int a[10];            /*可以引用的元素从a[0]到a[9]*/
a[5]=6;    a[7]=a[5]++;
```

```
a[6]=3;    a[0]=a[5]+a[7]-a[2*3];
scanf("%d", &a[6]);
```

10.2.3 一维数组的初始化

当系统为所定义的数组在内存中开辟一串连续的存储单元时,这些单元中并没有确定的值,在定义数组时可对数组元素赋初值,所赋初值放在赋值号后的一对花括号中(不可为空),初值之间用逗号分隔,编译系统按这些值的顺序从第一个元素起依次赋值,数值类型必须与说明类型一致。

微视频 10.2:
一维数组简单
应用

初始化数组语句的一般形式为:

数组类型 数组名[数组长度]={数组元素值列表};

下面举例说明怎样给数组元素赋初值。

(1) 给全部元素赋初值。例如:

int a[5]={0, 1, 2, 3, 4};

(2) 只给一部分元素赋初值。当初值个数少于定义的数组元素个数时,将自动给后面的元素进行赋值,整型元素赋 0 值,字符型元素赋'\0'(ASCII 码为零的字符)值。例如:

float b[5]={1.4, 7.2};

其相当于 b[0]=1.4,b[1]=7.2,b[2]=0,b[3]=0,b[4]=0。

(3) 在对全部数组元素赋初值时,可以不指定数组长度,这时数组元素的个数和数组长度一致。例如:

int a[]={1, 2, 3};

(4) 当所赋初值个数大于所定义数组的大小时,系统在编译时将给出错误提示"too many initializers"。

(5) 对 static 数组不进行初始化时,如果数组元素是整型、实型等数值类型数据,默认值为 0;如果数组元素是字符型数据,默认值为空字符'\0';对其他类型数组不进行初始化时,其值是随机值。

【例 10.1】输入 10 个整数,分别按正序和逆序输出。

```
#include <stdio.h>
main()
{
    int i, a[10];
    printf("input 10 numbers:\n");
```

```
        for(i=0; i<10; i++)
            scanf("%d", &a[i]);
        printf("\n");
        for(i=0; i<=9; i++)
            printf("%d  ", a[i]);
        printf("\n");
        for(i=9; i>=0; i--)
            printf("%d  ", a[i]);
        printf("\n");
    }
```

【例 10.2】 输出 1 000 以内的完数，完数是指一个数等于它的所有因子之和。例如，输出：6=1+2+3。

在前面的练习中已做过此题，现在用数组暂存中间的因子，因子可能很多，所以定义数组时尽可能将元素定义得多一些，因子的个数用一个变量计数，程序如下：

```
#include "stdio.h"
main()
{
  int i, j, s, n, a[40];
  for(i=1; i<1000; i++)
    {
        s=0;   n=0;
        for(j=1; j<=i/2; j++)
            if(i%j==0)
                {s=s+j;   a[n]=j;   n++;}
        if (s==i)
            { printf("%d=1", i);
        j=1;
        while(j<n) printf("%+d", a[j++]);  printf("\n");
        }
    }
}
```

【思考】 编程实现下述要求：输入 10 个整数，输出大于它们平均值的数。程序应尽可能简洁，考虑是否能用两个 for 语句实现。

10.3 排序与查找

10.3.1 排序

对已有的若干数据进行排序是一种比较重要的应用，有较多的算法可以实现排序。下面以冒泡法和选择法为例说明如何进行排序。

假设有一个包含 7 个元素的数组，各个元素的值如下，现在要求对它们按从小到大的顺序排列。

微视频 10.3：
冒泡排序

$a[0]=12, a[1]=4, a[2]=45, a[3]=21, a[4]=2, a[5]=9, a[6]=18$

1. 冒泡（下沉）排序法

第 1 趟：从前向后，逐次比较相邻的两个数，将小数交换到前面，将大数交换到后面，直到将最大的数移到最后为止。

对应位置	a[0]	a[1]	a[2]	a[3]	a[4]	a[5]	a[6]
原次序	12	4	45	21	2	9	18
第 1 次比较后	4	12	45	21	2	9	18
第 2 次比较后	4	12	45	21	2	9	18
第 3 次比较后	4	12	21	45	2	9	18
第 4 次比较后	4	12	21	2	45	9	18
第 5 次比较后	4	12	21	2	9	45	18
最 6 次比较后	4	12	21	2	9	18	**45**

第 2 趟：只对前 6 个数进行类似第 1 趟的操作。

对应位置	a[0]	a[1]	a[2]	a[3]	a[4]	a[5]
原次序	4	12	21	2	9	18
第 1 次比较后	4	12	21	2	9	18
第 2 次比较后	4	12	21	2	9	18
第 3 次比较后	4	12	2	21	9	18
第 4 次比较后	4	12	2	9	21	18
第 5 次比较后	4	12	2	9	18	**21**

【思考】整个排序过程一共需要几趟才能完成？合起来需要进行多少次比较？

【例 10.3】输入 10 个整数，用冒泡排序法由小到大排列这 10 个数。

下面先分析算法及构建程序框架。

① 定义数组，输入数据：

```
int a[10];
for(i=0; i<10; i++) scanf("%d", &a[i]);
```

② 排序：双重循环。

③ 输出排序结果：

```
for(i=0; i<10; i++) printf("%d", a[i]);
```

现在详细分析如何用双重循环实现②中指出的排序，主要注意数组的下标取值。

主循环是：

```
for(循环控制条件?)
    {i趟排序;}
```

本循环主要用来控制排序的趟数，所以循环控制条件是"i=0；i<9；i++"。

在第i趟排序中两两比较数组元素大小，如果需要，就进行以下交换操作：

```
for( j=?;   ; )
    {两两比较,如果前面的组元素大于后面的数组元素,则进行交换}
```

随着趟数增加，比较次数变少，每趟比较都是从第一个元素开始，所以循环控制条件是"j=0；j<9-i；j++"。

比较后，如果前面的元素大于后面的元素，则进行交换，代码如下：

```
if(a[j]>a[j+1])
    {
        x=a[j];
        a[j]=a[j+1];
        a[j+1]=x;
    }
```

完整的程序如下：

```
main()
  {
        int a[10], i, j, x;
        printf("please input datas:");
        for (i=0; i<10; i++)    scanf("%d", &a[i]);
        for (i=0; i<9; i++)
          {
                for (j=0; j<9-i; j++)
                  if (a[j]>a[j+1])
                    {
                        x=a[j];
```

```
                    a[j]=a[j+1];
                    a[j+1]=x;
                }
            }
        for (i=0; i<10; i++) printf("%4d ", a[i]);
}
```

设计算法时，要考虑算法的效率、性能，减少无用功。在本例中，排好序的数据从小到大，称为正序，如果给定的数列全部或部分已按正序排列，是否可以进一步修改程序提高效率呢？

实际上，在上面设计的算法中，如果在某一趟比较中未发生交换，就不必再进行后面的排序了。为此可以用下述语句修改外层循环：

```
do
{
    发生交换时做标记；
} while (发生了交换);
```

修改后的程序如下：

```
main()
{
    int a[10], i, j, x, swap;
    printf("please input datas:");
    for (i=0; i<10; i++)   scanf("%d", &a[i]);
    i=0; swap=0;  /*1*/
    do
    {  /*2*/
        for (j=0; j<9-i; j++)
            if (a[j]>a[j+1])
                {  /*3*/
                    x=a[j];
                    a[j]=a[j+1];
                    a[j+1]=x;
                    swap=1;
                }
        i=i+1; /*4*/
    } while (i<10 && swap);
```

```
        for (i=0; i<10; i++) printf("%d   ", a[i]);
}
```

注释/＊1＊/所在行的代码有问题吗?

swap＝0 的作用是在每趟排序前设置标志变量为未交换标志,所以其位置放在 1、3 处不恰当,这样做虽然也能输出正确结果,但不能实现每趟初始化标志变量的作用;swap＝0。只能放在 2 处,而放在 4 处是错误的。

2. 选择排序法

下面考虑怎样修改例 10.3 设计的算法中的内层循环,进一步提高程序效率,还是以前面提到的包含 7 个元素的数组为例介绍选择排序法。

微视频 10.4:
选择排序

第 1 趟:用第 1 个元素的值依次和后面的元素比较,将小数交换到前面(将大数交换到后面),直到将最小的数换到数组的第 1 个位置上。

对应位置	a[0]	a[1]	a[2]	a[3]	a[4]	a[5]	a[6]
原次序	12	4	45	21	2	9	18
第 1 次比较后	4	12	45	21	2	9	18
第 2 次比较后	4	12	45	21	2	9	18
第 3 次比较后	4	12	45	21	2	9	18
第 4 次比较后	2	12	45	21	4	9	18
第 5 次比较后	2	12	45	21	4	9	18
第 6 次比较后	**2**	12	45	21	4	9	18

第 2 趟:在后 6 个数中选第二小的数,并把它换到数组的第 2 个位置上。

对应位置	a[1]	a[2]	a[3]	a[4]	a[5]	a[6]
原次序	12	45	21	4	9	18
第 1 次比较后	12	45	21	4	9	18
第 2 次比较后	12	45	21	4	9	18
第 3 次比较后	4	45	21	12	9	18
第 4 次比较后	4	45	21	12	9	18
第 5 次比较后	**4**	45	21	12	9	18

【例 10.4】 输入 10 个整数,用选择排序法由小到大排列这 10 个数。

第 i 趟排序前的分析过程与例 10.3 相同。

在第 i 趟排序中,用 a[i] 与后面的元素依次比较,选出最小的数,相应的程序如下:

```
for(j=?; ; )
        {如果 a[i]大于后面的元素,则进行交换}
```

循环控制条件是 "j=i+1; j<10; j++"。

比较时,如果 a[i]大于后面的元素,就进行交换,代码如下:

```
    if(a[i]>a[j])
       {
              x=a[j];
              a[j]=a[i];
              a[i]=x;
       }
```

完整的程序如下:

```
main( )
{   int a[10], i, j, x;
    printf("please input datas:");
    for (i=0; i<10; i++) scanf("%d", &a[i]);
    for (i=0; i<9; i++)
      {
            for (j=i+1; j<10; j++)
              if (a[j]<a[i])
                {
                    x=a[j];
                    a[j]=a[i];
                    a[i]=x;
                }
      }
    for(i=0; i<10; i++) printf("%d ", a[i]);
}
```

下面分析怎样进一步改进程序。

第 1 趟排序中，用第 1 个元素和后面元素依次进行比较，比较后，如果前面元素的值较大，不立即进行交换，只是用一个变量（设为 temp）记下较小值的位置，在后面用这个新的较小值进行比较，这样比较下去，即可找到最小的数，再与第 1 个数交换。具体过程如下:

对应位置	a[0]	a[1]	a[2]	a[3]	a[4]	a[5]	a[6]	temp
原次序	12	4	45	21	2	9	18	0
第 1 次比较后	12	4	45	21	2	9	18	1
第 2 次比较后	12	4	45	21	2	9	18	1
第 3 次比较后	12	4	45	21	2	9	18	1
第 4 次比较后	12	4	45	21	2	9	18	4
第 5 次比较后	12	4	45	21	2	9	18	4
进行交换后	2	4	45	21	12	9	18	

用来进行比较，并记住最小值位置的程序段如下：

```
if(a[j]<a[temp])    temp=j;
```

比较完成后，如果 temp 和 i（一开始进行比较的元素位置）不相等则交换对应的位置的元素。

完整的程序如下所示：

```
main()
{   int a[10], i, j, x, temp;
    printf("please input datas:");
    for (i=0; i<10; i++) scanf("%d", &a[i]);
    for (i=0; i<9; i++)
      { temp=i;
        for (j=i+1; j<10; j++) if(a[j]<a[temp]) temp=j;
      if (temp!=i)
        {
                x=a[temp];
                a[temp]=a[i];
                a[i]=x;
        }
      }
    for(i=0; i<10; i++)    printf("%d   ", a[i]);
}
```

一般来说，设计了一个算法后，还应该对其精益求精，这就需要对其改进。对于上述两个例子，改进的目的是为了提高程序性能，改进的途径是减少比较次数和交换次数。

10.3.2 查找

在数据处理中，经常要在给定的一批数据中查找某个特定的数据，如果原来的数据以线性数据结构组织（在高级语言中可认为用数组存放），那么可以有两种查找方法。

微视频 10.5：
查找

1. 顺序查找

顺序查找算法是从数据表的一端开始，对数据逐个进行对比，看是否等于要找的数据。例如，在数组 a[10] 中查找 x，实现查找的主要程序段如下：

```
for(i=0; i<10; i++)   if (a[i]==x)    break;
```

2. 折半查找

顺序查找算法效率较低，如果对有序的数据进行查找，则有许多高效算法，其中折半查找就是对有序数据表进行查找的一种较好的算法。

【例 10.5】已知 x = 78，在给定的序列 {12，14，25，45，48，65，78，82，87，98}中用折半查找算法查找 x，如果找到，返回其所在的位置。

用 low、high 分别表示查找范围的下限和上限，折半查找算法的过程如图 10.2 所示。

元素	a[0]	a[1]	a[2]	a[3]	a[4]	a[5]	a[6]	a[7]	a[8]	a[9]
数值	12	14	25	45	48	65	78	82	87	98
	↑				↑					↑
	low=0				mid=4					high=9
x>a[4]，移动low，使查找范围折半										
						↑		↑		↑
						low=5		mid=7		high=9
x<a[7]，移动high，使查找范围再折半										
						↑↑	↑			
						low=mid=5	high=6			
x>a[5]，移动low，使查找范围再折半										
							↑ ↑ ↑			
							low=mid=high=6			
x=a[6]，最后返回x的位置6										

图 10.2 折半查找算法过程示意

如果被查找的 x = 68，最后会得到 low>high，这表示没有找到。

完整的程序代码如下：

```
main( )
{
    int a[10]={12,14,25,45,48,65,78,82,87,98}, i, low, high, mid, x, find;
    printf("input x:");
    scanf("%d", &x);
    low=0;  high=9;  find=0;
    do
    {
        mid=(low+high)/2;
        if(x==a[mid])  find=1;
        if(x<a[mid])  high=mid-1;
        if(x>a[mid])  low=mid+1;
```

```
    }while(low<=high && find==0);
    if(find) printf("%d", mid);
    else printf("没找到!");
}
```

习题和实验

一、习题

1. 下列定义中，哪些是合法的?

```
int a[6]={'1', '2', 3, 4, 5, 6};
char a[6]= "123456";
int a[6]= "123456";
char a[6]={'1', '2', 3, 4};
#define N 10
int a[N];
```

2. 插入法排序是假定 a[0…i]已成正序，插入 a[i+1]，使 a[0…i+1]也为正序。现在输入 10 个整数，要求用插入排序法对它们按由小到大排列。

3. 输入一串字符，以空格结束，统计其中'0'~'9'各个字符出现的次数。

4. 分析下述程序的运行结果。

```
main()
{
    int p[7]={11, 13, 14, 15, 16, 17, 18};
    int i=0, j=0;
    while(i<7 && p[i]%2==1) j+=p[i++];
    printf("%d\n", j);
}
```

5. 分析下述程序的运行结果。

```
main()
{
    int i, k, a[10], p[3];
    k=5;
    for(i=0; i<10; i++)        a[i]=i;
    for (i=0; i<3; i++)        p[i]=a[i*(i+1)];
```

```
    for (i=0; i<3; i++)              k+=p[i]*2;
    printf("%d\n", k);
}
```

6. 分析下述程序的运行结果。

```
main()
{
    int y=18, i=0, j, a[8];
    do
    {  a[i]=y%2;  i++;
        y=y/2;
    }while(y>=1);
    for(j=i-1; j>=0; j--)  printf("%d", a[j]);
    printf("\n");
}
```

7. 分析下述程序的运行结果。

```
main()
{
    int n[3], i, j, k;
    for(i=0; i<3; i++)  n[i]=0;
    k=2;
    for(i=0; i<k; i++)
    {  for(j=0; j<k; j++)
            n[j]=n[i]+1;
        printf("%d %d %d\n", n[0], n[1], n[2]);
    }
}
```

二、实验

进入 Visual C++环境，按下表要求，填写正确代码及调试过程。

源代码	正确代码及调试过程记录
1. 编制程序，创建一个包含 Fibonacci 数列前 30 个数的数组，然后从大到小显示这个数组中所有的数。	

源代码	正确代码及调试过程记录

2. 分析、理解下述程序的运行结果。
``
main( )
{   int a[ ]={1, 2, 3}; int b[ ]={1};
    printf("%d %d\n", a[3], b[-1]);
}
``	

3. 完成下述程序，用来显示掷 100 次骰子时，每次出现的点数，最后统计各个点数出现的次数。
``
#include<stdio. h>
#include<time. h>
main( )
{
    int _____, i, n=0;
    srand(time(0));
    for(i=1; i<=100; i++)
    {
        n=rand( )%_____;
        _____;
        printf("%3d", n);
        if(i%10==0) printf("\n");
    }
    printf("\n");
    for (i=1; i<=6; i++)
    printf("%d %d\n", i, a[i]);
}
``
【注意】srand( )和 rand( )是两个函数，其功能是产生随机数，其用法请参见附录 3。	

第 11 章

二维数组和字符数组

二维数组可以看作基类型是一维数组的一维数组。在大量的数据处理中，有很多二维表格类数据，如全班同学的各科成绩；数学中的矩阵、行列式等多行列数据。在 C 语言中通过二维数组来处理二维表格数据。对二维数组元素的访问主要通过双重循环实现。

11.1 二 维 数 组

微视频 11.1：
二维数组的定义

11.1.1 二维数组的定义

二维数组的定义方式如下：

类型名 数组名[表达式 1][表达式 2]；

数组名后必须是两个方括号括起来的常量表达式，各个表达式的值只能是正整数，表达式 1 表示行数，表达式 2 表示列数。例如，"float a[3][4]，b[5][10]；"不能写成"float a[3,4]，b[5,10]；"。

二维数组可看作特殊的一维数组，每个数组元素又是包含若干个元素的一维数组；如上述定义的数组 a[3][4]，可以看作是一维数组 a[3]，其元素的基类型是一个大小为 4 的一维数组。二维数组的元素在内存中按行排列存放，如定义"int a[2][3]；"中数组 a 在内存中的存储如图 11.1 所示。

| a[0][0] |
| a[0][1] |
| a[0][2] |
| a[1][0] |
| a[1][1] |
| a[1][2] |

多维数组的定义方法类似于二维数组，如"floata[2][3][4]；"定义了一个三维数组，它在内存中也是按行排列存放。

图 11.1 二维数组
元素存储示意图

11.1.2 二维数组元素的引用

引用二维数组元素时，必须使用两个下标，形式为"数组名[行下标][列下标]"，如"a[2][3]"，数组元素可出现在表达式中，也可被赋值，如"a[1][2]=a[0][2]/2"。

【注意】下标值应在已定义的数组大小的范围内。如语句"int a[2][3]；"定义了一个 a 数组，则引用"a[2][3]"是错误的，因为该数组的最大下标分别为 1 和 2。

11.1.3　二维数组元素的初始化

（1）分行初始化。如 "int a[3][4]={{1, 2, 3, 4}, {5, 6, 7, 8}, {9, 10, 11, 12}};"。

（2）按数组排列的顺序将所有数据写在一对花括号内。如 "int a[3][4]={1, 2, 3, 4, 5, 6, 7, 8, 9, 10, 11, 12};"。

（3）对部分元素初始化。如 "int a[3][4]={{0, 1}, {0, 6}, {0, 0, 11}};"。

（4）如果对全部元素都赋初值，则定义数组时可以不指定第一维的长度，但第二维的长度不能省略。如 "int a[][4]={1, 2, 3, 4, 5, 6, 7, 8, 9, 10, 11, 12};"，其中元素个数可以不是列的倍数。

11.1.4　二维数组应用举例

对二维数组的输入与输出是通过对二维数组的每个元素的输入与输出实现的。例如，通过双重循环按行列逐个输入与输出，代码如下：

```
for(i=0; i<r; i++)
    for (j=0; j<c; j++)
        {访问 a[i][j]}
```

【例 11.1】二维数组元素输入与输出程序示例。

```
#include "stdio. h"
main( )
{   int i, j, a[3][4];
    printf("input array numbers:\n");
    for(i=0; i<3; i++)
        for(j=0; j<4; j++)
            scanf("%d", &a[i][j]);
    printf("output array numbers:\n");
    for(i=0; i<3; i++)
        {  for(j=0; j<4; j++)
            printf("%d   ", a[i][j]);
            printf("\n");
        }
}
```

图 11.2 所示是一种运行结果。

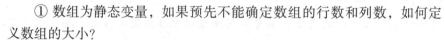

图 11.2　二维数组元素的输入与输出

【例 11.2】求 N 阶方阵主、副对角线上的元素之和。

本例主要训练对数组下标的使用以及对不能确定行列数的数组的使用。

先思考以下 3 个问题：

① 数组为静态变量，如果预先不能确定数组的行数和列数，如何定义数组的大小？

微视频 11.2：
二维数组的应用

② 如何表示方阵主、副对角线上的元素？

③ 如何用循环语句求主、副对角线上的元素之和？

这 3 个问题可以按如下方法解决：

① 可以先定义一个较大数组，在程序中实际输入行列数。

② 先考察 3 阶、4 阶方阵主、副对角线上元素的表示方法：

3 阶主对角线上的元素为：a[0][0]、a[1][1]、a[2][2]。

3 阶副对角线上的元素为：a[0][2]、a[1][1]、a[2][0]。

4 阶主对角线上的元素为：a[0][0]、a[1][1]、a[2][2]、a[3][3]。

4 阶副对角线上的元素为：a[0][3]、a[1][2]、a[2][1]、a[3][0]。

由此得出一般规律：主对角线上元素的两个下标相同，副对角线上元素两个下标之和 $=n-1$。

③ 主对角线上元素之和为：for(i=0; i<n; i++)　s=s+a[i][i];。

　　副对角线上元素之和为：for(i=0; i<n; i++)　s=s+a[i][n-i-1];。

【注意】如果方阵阶数为奇数，执行上述两个循环后，位于方阵中心的数被加了两次！要去掉一次，被去掉元素的行、列坐标是 $(n-1)/2$。

完整的程序如下：

```
#define N 15
main( )
{
    int a[N][N], i, j, n, s;
    printf("input degree of matrix:\n");
    scanf("%d", &n);
    printf("input datas:\n");
    for(i=0; i<n; i++)
        for(j=0; j<n; j++)
```

```
            scanf("%d", &a[i][j]);
    s=0;
    for(i=0; i<n; i++)
        s=s+a[i][i]+a[i][n-i-1];
    i=n/2;
    if(n%2==1) s=s-a[i][i];
    printf("sum=%d", s);
}
```

【注意】在使用数组时，要注意以下两点：

① C 语言不允许动态定义数组的大小，实际应用中可以把数组定义得大一些，程序中只使用被定义数组中的一部分元素。

② 在应用中，要注意下标的使用，特别是下标表达式的抽象表示方法，可以采用"试探+微调"的方法，即先写出相关变量的表达式，通过实例计算表达式的值，如果不正确，试着加减 1 进行微调。

【例 11.3】解决奇数阶魔方问题：求出满足行、列、对角线元素之和相等的奇数阶方阵，方阵各元素为从 1 开始的连续正整数。例如，如下所示的 3 阶方阵，就是一个 3 阶魔方。

```
8    1    6
3    5    7
4    9    2
```

求奇数阶（设为 n 阶）魔方的一种方法为：

① 把 1 放在第一行正中间一列。如 3 阶魔方中，把 1 放在第 1 行第 2 列。

② 从 2 开始直到 n×n 结束，各数依次按下列规则存放：每一个数存放位置的行数等于前一个数的行数减 1，列数等于前一个数的列数加 1。

③ 如果上一个数的行数为 1，则下一个数的行数为 n（指最下一行），列数仍然加 1。如 3 阶魔方中，1 在第 1 行第 2 列，则 2 应放在第 3 行第 3 列。

④ 如果上一个数的列数为 n，则下一个数的列数应为 1，行数仍然减 1。如 3 阶魔方中，2 在第 3 行第 3 列，则 3 应放在第 2 行第 1 列。

⑤ 如果上一个数是 n 的倍数，则把下一个数放在上一个数的下面。如 3 阶魔方中，3 在第 2 行第 1 列，则 4 应放在第 3 行第 1 列。

程序中先要保证操作者输入的阶数 n 是一个奇数，这可以通过下述程序段实现：

```
do
{
    printf("input degree of matrix:\n");
```

```
        scanf("%d", &n);
    }while(n%2==0);
```

下面解决如何把 1 到 n×n 这些数填入方阵中的问题。假设被填数的行数、列数分别为
i、j，根据上面所介绍的规则，可得如下步骤：

第 1 步：确定数 1 的位置为：i=0，j=n/2。

第 2 步：对之后的数的行、列按如下顺序处理。

① 判断前一个数是否为 n 的倍数。如果是，则 i++；如果不是，则 i--，j++。

② 对变化后的 i、j 是否越界进行处理。如果 i<0，则 i=n-1；如果 j>=n，则 j=0。

完整的程序代码如下：

```
#define N 15
main()
{
    int a[N][N], i, j, n, k;
    do                                  /*输入阶数*/
    {
        printf("input degree of matrix:\n");
        scanf("%d", &n);
    }while(n%2==0);
    i=0;  j=n/2;
    for (k=1; k<=n*n; k++)              /*确定被填数的位置*/
    {
        a[i][j]=k;
        if(k%n==0) i++;
        else    {i--; j++; }
        if (i<0) i=n-1;
        if(j>=n) j=0;
    }
    for (i=0; i<n; i++)                 /*输出*/
    {   for (j=0; j<n; j++)    printf("%3d", a[i][j]);
        printf("\n");
    }
}
```

程序运行结果如图 11.3 所示。

图 11.3　n=5 时，例 11.3 的运行结果

11.2　字符数组与字符串

11.2.1　字符数组与字符串的相关概念 ·······················○

微视频 11.3：
字符数组

1. 字符数组的定义

字符数组的定义方法与数值型数组类似，具体为：

> char 数组名[常量表达式]；

例如，语句"char a[5];"定义的数组元素为：a[0]、a[1]、a[2]、a[3]、a[4]，每一个元素的值是一个字符。

2. 字符数组的存储结构

与数值型数组一样，系统在内存中为字符数组分配若干个（和数组元素个数相同）连续的存储单元，每个存储单元为一个字节。例如，对于字符数组 char a[5]，假设 a[0]='A'，a[1]=' '，a[2]='B'，a[3]='o'，a[4]='y'，则数组 a 在内存中的存储情况如图 11.4 所示。

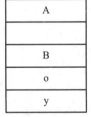

3. 字符串

C 语言没有字符串数据类型，但允许使用字符串常量，如"I am a boy"。在 C 语言中，用一维字符数组存放字符串，并规定以字符'\0'作为"字符串结束标志"，它占用存储空间，但不计入字符串长度。使用字符串时，不需要人为添加'\0'，编译系统会自动在末尾添加。

图 11.4　数组 a 在内存中的存储示意图

4. 字符数组的初始化

（1）逐个元素初始化。例如：

> char c[10]={ 'h', 'a', 'p', 'p', 'y'}；

如果初值个数大于数组长度，则编译时会提示出现语法错误"too many initializers"。例如：

```
char a[5] = { '1', '2', 'a', 'b', 'c', 'd'} ;
```

如果初值个数小于数组长度，则只将指定的初值字符赋给数组中前面的那些元素，其余元素自动被赋值为空字符'\0'。如果初值个数恰好等于数组长度，则数组中没有'\0'，该数组就不能当作字符串处理。

（2）用字符串初始化字符数组。例如：

```
char aa[11] = "I am a boy" ;
char aa[11] = {"I am a boy"} ;
char a[ ] = "1234" ;
```

其中，a 的长度为 5。

5. 二维字符数组的定义和初始化

可以用下述形式定义和初始化二维字符数组：

```
static char a[2][2] = {{'1', '2'},{'a', 'b'}} ;
```

不能直接用字符串给二维字符数组赋初值，例如，对于语句"char a[2][9] = "123456" ;"，编译系统会给出缺少花括号的错误提示 "array initialization needs curly braces"，正确写法是 "char a[2][9] = {"123456"} ;"。

11.2.2 字符数组与字符串的输入和输出 ·······································□

（1）用格式符"%c"逐个输入和输出字符数组中的字符，例如：

```
char a[10];
scanf("%c", &a[0]);
printf("%c", a[0]);              /*每次输入输出一个字符*/
```

（2）用格式符"%s"输入和输出整个字符串，例如：

```
char c[10];
scanf("%s", c);          /*注意此处用数组名 c*/
printf("%s", c);          /*注意此处用数组名 c*/
```

用"%s"格式输出字符数组时，遇'\0'结束输出，且输出字符中不包含'\0'。若数组中包含一个以上的'\0'，则遇到第一个'\0'即结束输出。若数组内没有'\0'，输出时可能不正确。例如：

```
char a[5] = "12345";          printf("%s", a);
```

由于 a 内没有'\0'，输出时可能发生不正常。

用"%s"格式输入或输出字符数组时，函数 scanf() 的地址项参数和函数 printf() 的输出项参数都是字符数组名。这时数组名前不能再加 "&" 符号，因为数组名就是数组的起始地址。

用语句"scanf("%s",s);"为字符数组 s 输入数据时，遇空格键或回车键结束输入，并且所读入的字符串中不包含空格键或回车键，而是在字符串末尾添加'\0'。

用一个 scanf( )函数输入多个字符串，输入时应以空格键或回车键作为字符串间的分隔。例如：

> char s1[5], s2[5]; scanf("%s%s",s1,s2);

若实际输入数据为"123 abc"，则字符数组 s1 和 s2 的存储情况如图 11.5 所示。

1	2	3	\0	
a	b	c	\0	

图 11.5 字符串存储示意图

（3）用字符串输入函数 gets( )实现输入。

字符串输入函数 gets( )的函数原型说明包含在头文件"stdio. h"中，调用该函数时，应在程序中加入文件包含命令"#include "stdio. h""。

调用 gets( )函数的形式为：

> gets(字符数组名)

函数功能：调用该函数时，要求用户从标准输入设备（如键盘）输入一个字符串，以回车键作为输入结束标志；然后将接收到的字符依次赋值给数组中的各个元素，并自动在字符串末尾加字符串结束标记'\0'。函数的返回值为该字符数组的首地址。例如：

> char a[10]; gets(a); printf("%s", a);

（4）用字符串输出函数 puts( )实现输出。

调用 puts( )函数的形式为：

> puts(字符串/字符数组)

函数功能：将参数中的字符串显示到屏幕上，输出时能自动将字符串末尾的结束符转变成回车符。例如：

> char a[10]; gets(a); puts(a);

11.2.3 字符串函数 ···□

系统提供了一批字符串函数，常用的函数如下：

① 字符串复制函数 strcpy(s1, s2)：把 s2 所指字符串复制到 s1 中，s1 不能是常量。

② 字符串连接函数 strcat(s1, s2)：把 s2 所指字符串连接到 s1 后面，s1 不能是常量。

③ 求字符串长度函数 strlen(s)：返回字符串 s 的长度，不包含'\0'。

④ 字符串比较函数 strcmp(s1, s2)：依次对 s1 和 s2 所指字符串对应位置上的字符依据其 ASCII 码值进行两两比较，当出现第一对不相等的字符时，即由这两个字符决定大小。如果 s1>s2，返回 1；如果 s1=s2，返回 0；如果 s1<s2，返回-1。

【例11.4】用单步执行方式运行下述程序，观察程序输出结果，理解数组 b 中的内容。

```
#include "stdio. h"
main( )
{
    char a[5]="abc", b[7]="123456";
    strcpy(b, a);
    printf("%s", b);
}
```

可以利用 VC 提供的单步执行功能观察程序运行过程中内存变量变化情况，在源程序编译成功后，按F10键将单步执行程序，在本例中通过按 3 次F10键，得到如图 11.6 所示的执行结果。

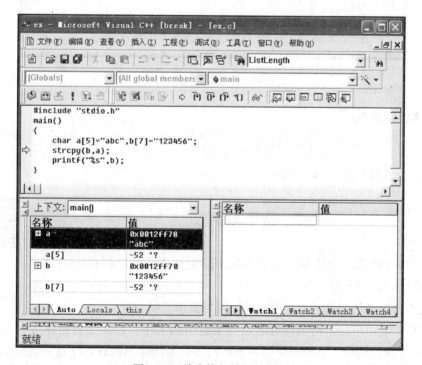

图 11.6　单步执行结果示意图

单击图 11.6 左下角窗口中 a、b 前的图标田，得到如图 11.7 所示的结果。

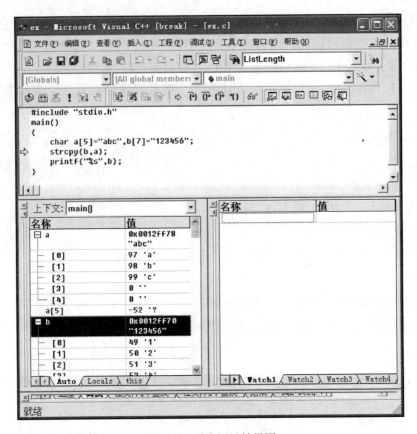

图 11.7 动态调试结果图

程序运行结果为：

> abc

数组 b 中的内容是 "abc\056\0"。

11.3 数组与函数

用户可以用函数处理数组，由于函数不能返回多个值，因此定义及
调用函数应注意以下 5 点：

微视频 11.4：
数组在函数
中的应用

① 数组作为全局变量时，其元素的使用与简单变量一样。

② 函数声明中可以不给出参数名及一维数组的大小。以多维数组作
为参数时，参数说明中不必给出最左一维的长度，系统也不检查它（这一规定实际上与一
维数组一致），但必须给出参数其余各维的长度。

③ 实参向形参传递的是数组首元素的地址，函数中对数组的操作影响实参数组。

④ 函数原型中数组作为参数必须指明数组元素的类型。

⑤ 实参可以只写数组名，而这个数组名必须是已定义的具有确定长度的数组名。

【例 11.5】 设计对数组实现输入输出的函数。

为了在函数中便于控制数组下标界限，用形参中的 n 指定实参数组元素数量，形参中数组并不真正分配空间，而是用实参空间。具体程序代码如下：

```
void input( int [ ], int n);
void disp( int d[10], int n);
main( )
    {   int a[6];
        input( a, 6);
        disp( a, 6);
    }
    void input( int c[ ], int n)
    {   int i;
        printf( "please input %d numbers:\n", n);
        for (i=0; i<n; i++)    scanf( "%d", &c[i]);
    }
    void disp( int d[10], int n)
    {   int i;
        for(i=0; i<n; i++)    printf( "%d ", d[i]);
}
```

习题和实验

一、习题

1. 输出杨辉三角形的前 5 行，分别用二维、一维数组实现。

2. 编写函数 fun( )，函数的功能是求出 n 阶方阵周边元素的平均值并将其作为函数值返回给主函数。

3. 输入一串十六进制字符，将其转化为十进制数。例如，输入"1AB"，输出"427"。

4. 定义一个 N×N 二维数组，并在主函数中为其赋值。编写函数 fun(int a[ ][N])，该函数的功能是把数组右上半三角元素中的值全部置成 0。

5. 分析下述程序的运行结果。

```
#include <string.h>
main( )
{   char a[7]="a0\0a0\0";
    int i, j;
```

```
        i=sizeof(a);
        j=strlen(a);
        printf("%d %d", i, j);
    }
```

6. 分析下述程序的运行结果。

```
int f(int b[][4])
{    int i, j, s=0;
     for(j=0; j<4; j++)
        {    i=j;
             if(i>2)    i=3-j;
             s+=b[i][j];
        }
     return s;
}
main()
{    int a[4][4]={{1, 2, 3, 4}, {0, 2, 4, 6}, {3, 6, 9, 12}, {3, 2, 1, 0}};
     printf("%d\n", f(a));
}
```

7. 分析下述程序的运行结果。

```
main()
{    int a[4][4]={{1, 2, 3, 4}, {5, 6, 7, 8}, {11, 12, 13, 14}, {15, 16, 17, 18}};
     int i=0, j=0, s=0;
     while(i++<4)
     {    if(i==2 || i==4)    continue;
          j=0;
          do
          {    s+=a[i][j];
               j++;
          }while(j<4);
     }
     printf("%d\n", s);
}
```

8. 分析下述程序的运行结果。

```
main()
```

```
{    int x[ ]={1, 3, 5, 7, 2, 4, 6, 0};
     int i, j, k;
     for(i=0; i<3; i++)
         for(j=2; j>=i; j--)
             if(x[j+1]>x[j])
             {   k=x[j];
                 x[j]=x[j+1];
                 x[j+1]=k;
             }
     for(i=0; i<3; i++)
         for(j=4; j<7-i; j++)
             if(x[j]>x[j+1])
             {   k=x[j];
                 x[j]=x[j+1];
                 x[j+1]=k;
             }
     for(i=0; i<8; i++)    printf("%d", x[i]);
     printf(" \n");
}
```

9. 分析下述程序的运行结果。

```
main( )
{    int a[4][4]={{1, 2, 3, 4}, {5, 6, 7, 8}, {11, 12, 13, 14}, {15, 16, 17, 18}};
     int i, j;
     for(i=0; i<4; i++)
     {   for(j=1; j<=i; j++) printf("%3c", ' ');
         for(j=i; j<4; j++)    printf("%3d", a[i][j].);
         printf(" \n");
     }
}
```

10. 分析下述程序的运行结果。

```
main( )
{    char str[ ]={"1234567"};
     int i, j, k;
     for(i=0, j=strlen(str)-1; i<j; i++, j--)
```

```
    {    k = str[i];    str[i] = str[j];    str[j] = k;
    }
    printf("%s\n", str);
}
```

11. 分析下述程序的运行结果。

```
void sum( int b[ ] )
{    b[0] = b[-1] + b[1];
}
main( )
{    int a[10] = {1, 2, 3, 4, 5, 6, 7, 8, 9, 10};
    sum( &a[2] );
    printf("%d\n", a[2]);
}
```

二、实验

进入 Visual C++环境，按下表要求，填写正确代码及调试过程。

源代码	正确代码及调试过程记录

1. 理解、运行下述程序。
 	
``
main( )
{
    char a[3] = "12", b[3];
    scanf("%s", b);
    printf("%s %s %d %d\n", a, b, strlen(a),
        strlen(b));
}
``
	通过键盘输入"1234567"后按 Enter 键，观察运行结果，思考为何会产生这种结果。

2. 编写一个把数字字符串转换成对应整数的函数，它只有一个字符数组参数。	

*第 12 章

数组趣味程序

数组是一种常用的数据组织形式，本章通过编制几个趣味程序，进一步了解数组在程序中的应用，提高学习者设计算法和编制程序的能力。

12.1　井字棋游戏

通过编制井字棋这类小游戏的程序，可以了解开发游戏程序的一般思路。在开发游戏程序时经常用到数组，特别是棋类游戏，一般需要用二维数组存储棋盘等信息。

井字棋游戏很简单，如图 12.1 所示，选手先后依次摆放黑白两种棋子，哪方先将 3 个同一种颜色的棋子连成一条直线即为获胜者。

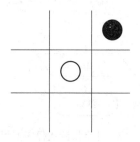

图 12.1　井字棋棋盘和两粒棋子

12.1.1　分析设计 ···□

设计本程序的过程大致如下：

（1）分析需求，理解题意。

（2）确定数据的组织形式，即确定数据结构。

（3）总体设计和详细设计：总体设计主要描述基本处理流程、功能分配、模块划分、接口设计等；详细设计主要设计描述每一个模块的算法、流程。

（4）界面设计：界面是用户与计算机交互的重要媒介，一般游戏程序都采用图形模式界面，这在 C 语言中可以通过相关图形函数实现；而 C 语言字符模式界面的实现较为简单，本例中的棋盘可以用制表符和相应字符进行设计，显示成 3 行 3 列的形式。

（5）代码的编写、调试、运行。

本程序中，可以采用一维数组或二维数组表示数据，本例采用一维数组"char a[9]"，在字符数组中用空格表示未落子，用@、#分别表示落下黑子、白子。在此基础上可设计以下 4 个子函数：

- 初始化函数 init( )：完成程序开始的准备，将所有落子位置初始化为空格。
- 显示棋盘函数 list( )：用制表符和相应字符以字符方式显示 3 行 3 列的棋盘。
- 判赢函数 win( )：通过判断是否有某一行、某一列、某一对角线上的字符都是同一字符，从而判断是否有一方获胜。
- 主控函数 main( )：控制程序的流程，让选手进行游戏。

程序流程如图 12.2 所示。

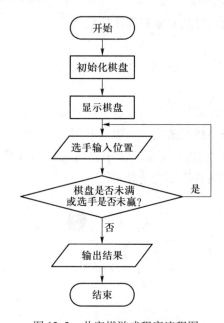

图 12.2 井字棋游戏程序流程图

12.1.2 编制程序

先定义下述的全局型字符数组，用来表示棋盘上的落子状态。

```
char a[9];
```

下面设计相关的函数。

```
void init(void)          /*初始化数组元素为空格，表示此时的棋盘为空棋盘*/
{   int i;
    for (i=0; i<9; i++)    a[i]=' ';
}
void list(void)          /*显示棋盘*/
{
```

```
        printf("%2c | %2c | %2c\n", a[0], a[1], a[2]);
        printf("———+———+———\n");
        printf("%2c | %2c | %2c\n", a[3], a[4], a[5]);
        printf("———+———+———\n");
        printf("%2c | %2c | %2c\n", a[6], a[7], a[8]);
}
int win(int i)                              /* 判断选手是否获胜 */
{   char ch;
    int x = 0;
    if(i%2 == 1)    ch = '@';
    else ch = '#';
    /* 判断第1行是否为同一棋子 */
    if(a[0] == ch&&a[1] == ch&&a[2] == ch)  x = 1;
    /* 判断第2行是否为同一棋子 */
    if(a[3] == ch&&a[4] == ch&&a[5] == ch)  x = 1;
    /* 判断第3行是否为同一棋子 */
    if(a[6] == ch&&a[7] == ch&&a[8] == ch)  x = 1;
    /* 判断第1列是否为同一棋子 */
    if(a[0] == ch&&a[3] == ch&&a[6] == ch)  x = 1;
    /* 判断第2列是否为同一棋子 */
    if(a[1] == ch&&a[4] == ch&&a[7] == ch)  x = 1;
    /* 判断第3列是否为同一棋子 */
    if(a[2] == ch&&a[5] == ch&&a[8] == ch)  x = 1;
    /* 判断主对角线是否为同一棋子 */
    if(a[0] == ch&&a[4] == ch&&a[8] == ch)  x = 1;
    /* 判断副对角线是否为同一棋子 */
    if(a[2] == ch&&a[4] == ch&&a[6] == ch)  x = 1;
    return x;
}
main()
{
    int i, j;
    init();
    list();
    i = 1;       /* 用i记录棋子数量，并控制选手交替 */
    do
```

```
    {
        do
        { /*输入棋子的位置,从第1行往下依次编号为1~9*/
            printf("input 1-9 :\n");
            scanf("%d", &j);
        }while(a[j-1]!=' ');              /*保证输入位置正确,即没有落子*/
        if (i%2==1)    a[j-1]='@';        /*黑方落子*/
        else    a[j-1]='#';               /*白方落子*/
        list();
        i++;
    }while(i<=9&&win(i-1)==0);            /*棋盘未满且选手未赢,游戏继续*/
    if (i==10) printf("no winner!");
    else if (i%2==0) printf("pre win!");
        else    printf("later win!");
}
```

上面的程序可以模拟人与人对弈,如何让程序具有智能,即实现模拟人与计算机对弈呢?要实现上述目标,程序中必须要有自动选择较好位置的函数,即 autosele( ) 函数,用来实现为"计算机"选手选择最佳位置的功能。autosele( ) 函数的代码如下:

```
int autosele(int i)
{   char play, opponent;
    int j, x=-1;
    /*指定4个角、4个边的中心在数组中的位置*/
    int p[8]={0, 2, 6, 8, 1, 3, 5, 7};
    if (a[4]==' ') return(4);             /*选择中心位置*/
    if (i%2==1) {play='@';   opponent='#';}
    else        {play='#';   opponent='@';}
    /*先判断棋盘中有没有能使自己(计算机)赢的位置,有则落子*/
    for (j=0; j<9; j++)
    if (a[j]==' ')
        {   a[j]=play;
            if (win(i)){a[j]=' ';   x=j;   return(x);}
            a[j]=' ';
        }
    /*判断棋盘中有没有位置能使对手(人)赢,如有先占领*/
    for(j=0; j<9; j++)
```

```
        if (a[j]==' ')
            {   a[j]=opponent;
                if (win(i+1))  {a[j]=' ';   x=j;   return(x);}
                a[j]=' ';
            }
        for(j=0; j<8; j++)      /*依次在4个角、4个边的中心找位置*/
            if (a[p[j]]==' ')   return(p[j]);
    }
```

另外为了实现人机对弈，还要对主函数进行修改，修改后的主函数如下：

```
main()
{
    int i, j, x=1;
    init();
    list();
    printf("input 1 computer first ,0 user first:\n");
    scanf("%d", &x);
    i=1;
    do
        {  if (i%2==x)  j=autosele(i)+1;      /*计算机自动选择位置*/
        else
            do
            {
                printf("input 1-9 :\n");
                scanf("%d", &j);
            } while(a[j-1]!=' ');
        if(i%2==1)    a[j-1]='@';
        else          a[j-1]='#';
        list();
        i++;
        } while(i<=9&&win(i-1)==0);
    if (i==10) printf("no winner!");
    else     if (i%2==0)   printf("pre win!");
             else          printf("later win!");
}
```

12.2　数字螺旋方阵

数字螺旋方阵是指：对任意给定的 n 阶方阵，将数字 $1 \sim n^2$ 从方阵的左上角第 1 个格子开始，按逆时针方向顺序填入 n×n 的方阵里。如 3 阶螺旋方阵为：

$$1 \quad 8 \quad 7$$
$$2 \quad 9 \quad 6$$
$$3 \quad 4 \quad 5$$

填充的方向：向下、向右、向上、向左循环，注意其中坐标的变化，在填入时，先判断下一个位置是否是空白，是空白就填值，不是就改变方向。

在本例中，为了不判断边界，先定义一个较大的数组，并对其初始化，把第 0 行、第 n+1 行、第 n 列用非 0 填充，用作方阵的位置用 0 填充，三阶方阵的初始化如图 12.3 所示。

9	9	9	9
0	0	0	9
0	0	0	9
0	0	0	9
9	9	9	9

图 12.3　方阵的初始化

在填充时，以左上角第 1 个格子为起点，按照向下、向右、向上、向左的方向进行填充，遇到非 0 就改变方向。

程序代码如下：

```
#define max 20
main( )
{
    int a[max][max], i, j, n, k, di;
    scanf("%d", &n);
    for(i=0; i<=n; i++)
        {/*用9填充第0行、第n+1行、第n列*/
            a[0][i]=9;
            a[n+1][i]=9;
            a[i][n]=9;
        }
    for(i=1; i<=n; i++)                /*用0填充第1~n行的前n列*/
```

```
        for(j=0; j<n; j++)    a[i][j]=0;
    a[1][0]=1;                        /*第1行第0列填充1*/
    k=2;   di=0;   i=1;   j=0;     /*i表示行标,j表示列标*/
/*从2开始循环,di表示前进方向,0表示向下、1表示向右、2表示向上、3表示
    向左*/
    while(k<=n*n)
    {
        switch(di)
        {  /*行、列值相应变化*/
            case 0:  i++;  break;
            case 1:  j++;  break;
            case 2:  i--;  break;
            case 3:  j--;  break;
        }
        if(a[i][j]==0)                    /*找到了合适位置*/
            {a[i][j]=k;  k++;}
        else
            {/*没找到合适位置,改变方向,先将行、列值修改回原来的值*/
                switch(di)
                {
                    case 0:  i--;  break;
                    case 1:  j--;  break;
                    case 2:  i++;  break;
                    case 3:  j++;  break;
                }
                di=(di+1)%4;
            }
    }
    for(i=1; i<=n; i++)                    /*输出方阵*/
        {  for(j=0; j<n; j++)    printf("%3d", a[i][j]);
            printf("\n");
        }
}
```

5阶螺旋方阵的程序运行结果如图12.4所示。

图 12.4 5 阶螺旋方阵

下面介绍另一种方法，请读者自行分析其功能。

分析螺旋方阵的填充方向，可以发现这样的行、列坐标变化规律：

① 行数逐次增大 1（列不变），共有 n 次。

② 列数逐次增大 1（行不变），共有 n-1 次。

③ 行数逐次减小 1（列不变），共有 n-1 次

④ 列数逐次减小 1（行不变），共有 n-2 次。

⑤ 再依次循环。

下述程序在增大 1 与减小 1 时用了一个小技巧，在循环的不同次数中分别让 d 为 1、-1来实现。程序如下：

```c
#define N 9
main( )
{
    int a[N][N], count, c, n, i=0, j=0, d=1, k=1;
    scanf("%d", &n);
    c=n;
    while(c>0)
    {
        for(count=0; count<c; count++)
        {
            a[i][j]=k++;
            i=i+d;
        }
        i=i-d;   j=j+d;
        c--;
        for(count=0; count<c; count++)
        {
            a[i][j]=k++;
            j=j+d;
```

```
            }
            j=j-d;    i=i-d;
            d=d*(-1);
        }
    for(i=0; i<n; i++)
    {

        for(j=0; j<n; j++)
            printf("%3d", a[i][j]);
        printf("\n");

    }
}
```

12.3   猴子选大王

一群猴子（设为 m 个）为了选大王，制定了一套规则：所有猴子围成一个圆圈，从第一只猴子开始，按 1 到 n 的顺序报数，报数为 n 的猴子出局（退出圆圈）；然后从出局猴子的下一只猴子开始，继续按 1 到 n 的顺序报数，报数为 n 的猴子再次出局；这样一直进行下去，最后剩下的猴子就是大王。例如，当 m=5、n=3 时，依次出局的猴子的编号为 3、1、5、2，最后剩下的第 4 号猴子就是大王。

在已知 m 和 n 后，编制程序，求出最后剩下的猴子的编号。

这个问题的解法较多，比较经典的方法是用循环数组来求解。具体思路如下：

设数组 a 的大小为 m，则数组中各元素的序号分别为 0,1,…,m-2,m-1。数组中各个元素的值表示当前还留在圆圈中的下一只猴子对应的元素序号，这样在一开始时，a[0]=1,a[1]=2,…,a[m-2]=m-1,a[m-1]=0，整个数组就形成了一个环。然后按下述设想进行操作：

① 从第一只猴子开始，按 1,2,…,n-1 的顺序报数。

② 当报到 n-1 时，对应的元素假设是 a[i]，设其值为 next，则元素 a[next]的报数值应为 n，该元素对应的猴子应该出局。

③ 这时为了不断链，把 a[next]的值（即出局元素所指向的下一个元素的位置）赋给 a[i]。

④ 再从 a[next]的值（现在是 a[i]的值）所指位置的数组元素开始，重新按 1,2,…,n-1 的顺序报数。

⑤ 重复过程②~④，直到剩下一只猴子为止。

程序如下：

```
main()
{   int a[20], i, j, next, m, n;
```

```
        scanf("%d%d", &m, &n);
        for(i=0; i<m; i++)    a[i]=i+1;
        a[m-1]=0;    i=0;    j=0;
        do
        {
            next=a[i];    /*某只猴子报数后，数组的值表示下一只猴子的位置*/
            j++;                        /*j的值加1，直到n-1为止*/
            if (j==n-1)
                {    printf("%d ", next);    /*next为要出局的猴子的序号*/
                    a[i]=a[next];
                    j=0;    i=a[next];
                }
            else    i=next;
        } while (a[i]!=next);
        printf("winner:%d!", next);
}
```

运行程序，以输入"8 3"为例，输出结果是：

2 5 0 4 1 7 3 winner: 6!

程序运行过程中，各次出局的猴子的序号和数组元素值的变化状态如表 12.1 所示。

表 12.1　猴子出局情况和数组元素变化状态

猴子编号（数组元素序号）	0	1	2	3	4	5	6	7
初始状态下各个数组元素的值	1	2	3	4	5	6	7	0
第1次2号猴子出局	1	2	③	4	5	6	7	0
第1次出局后数组中各元素的值	1	3		4	5	6	7	0
第2次5号猴子出局	1	3		4	5	⑥	7	0
第2次出局后数组中各元素的值	1	3		4	6		7	0
第3次0号猴子出局	①	3		4	6		7	0
第3次出局后数组中各元素的值		3		4	6		7	1
第4次4号猴子出局		3		4	⑤		7	1
第4次出局后数组中各元素的值		3		6			7	1
第5次1号猴子出局		②		6			7	1
第5次出局后数组中各元素的值				6			7	3
第6次7号猴子出局				6			7	⑧

续表

猴子编号（数组元素序号）	0	1	2	3	4	5	6	7
第6次出局后数组中各元素的值				6			3	
第7次3号猴子出局				④			3	
第7次出局后数组中各元素的值							6	

注：①、③、⑥等表示出局猴子的位置编号。

习题和实验

一、习题

1. 八皇后问题是一个古老而著名的问题，它是使用回溯算法解决的典型问题。19 世纪著名的数学家高斯于 1850 年提出：在 8×8 格的国际象棋棋盘上摆放 8 个皇后，摆放原则是使它们不能互相攻击，即任意两个皇后都不能处于同一行、同一列或同一斜线上，问有多少种摆法。高斯认为有 76 种摆法。对于该问题，1854 年在柏林的象棋杂志上，若干位作者发表了 40 种不同的解法，后来有人用图论的方法解出 92 种摆法。

下面给出一种解决该问题的程序代码，请仔细阅读代码并将其补充完整。

```c
#include "stdio.h"
#define N 8
static int col[N];
static int x1[2*N];
static int x2[2*N];
int no=0;
void try1(int i)
{
    int j, j1;
    for(j=0; j<N; j++)
        if(col[j]==0&&x1[i-j+N]==0&&x2[i+j]==0)
        {
            col[j]=i+1;
            x1[i-j+N]=1;
            x2[i+j]=1;
            if (i==N-1)
            {
                no++;
                printf("%2d:", no);
```

```
                    for(j1=0; j1<N; j1++)    printf("%2d", col[j1]);
                    printf("\n");
                }
                else
                    _____;    /*请补充代码*/
                col[j]=0;
                x1[i-j+N]=0;
                x2[i+j]=0;
            }
        }
    }
    main()
    {
        try1(0);
    }
```

2. 设计程序实现迷宫游戏，要求用一个方阵表示迷宫，行进方向为从左上角进入，从右下角出去，计算共有多少种行进路径？

【提示】定义一个二维数组表示方阵，用随机函数在数组内设置障碍。采用递归算法解决此题较为容易。

3. 扫雷游戏是微软于 1992 年附带在其操作系统中的一个小游戏程序，它通过单击掀开格子，并以其四周出现的数字来判断附近地雷的数量，将没有地雷的格子都掀开后即可取胜。下面的程序段的功能是：设计测试一种用来设计布置地雷的函数，注意理解函数中数组 ijinc[8][2] 的作用和用法。

微视频 12.1:
扫雷游戏
设计概要

请设计其他相关函数，以实现字符界面的扫雷游戏。

```
#define N 9
static int a[N][N];
void setmine(int i, int j)
{
    int n, i1, j1, ijinc[8][2]={-1, -1, -1, 0, -1, 1, 0, -1, 0, 1, 1, -1, 1, 0, 1, 1};
    if(a[i][j]==9)    return;
    a[i][j]=9;              /*标记为地雷*/
    for(n=0; n<8; n++)    /*标记四周方格内的数值，即标记地雷数*/
    {
        i1=i+ijinc[n][0];
        j1=j+ijinc[n][1];
        if(i1>=0&&i1<N&&j1>=0&&j1<N &&a[i1][j1]<9)a[i1][j1]++;
```

```
        }

    }
    void list( )
    {
        int i, j;
        printf("   ");
        for(i=1; i<=N; i++)    printf("%2d", i);
        printf("\n");
        for(i=1; i<=N; i++)
        {
            printf("%2d",i);
            for(j=1; j<=N; j++)
                printf("%2d", a[i-1][j-1]);
            printf("\n");
        }
    }
    main( )
    {
        setmine(0, 3);
        setmine(2, 3);
        setmine(2, 4);
        list( );
    }
```

微视频 12.2:
扫雷游戏
实现技巧

微视频 12.3:
阶乘升级版

二、实验

进入 Visual C++环境，按下表要求，填写正确代码和调试过程。

源代码	正确代码及调试过程记录
1. 找出一个二维数组的鞍点位置，鞍点位置是指该位置上的元素值在该行最大，在该列最小。	

源代码	正确代码及调试过程记录
2. 如果将某个自然数的各位数字的顺序颠倒过来后得到的数仍是它本身，则称这个自然数为回文数，如 11、121、252、4664 等都是左右完全对称的回文数。输入一个整数，判断其是否为回文数。关于回文数还有许多尚待解决的猜想问题，请热爱数学的读者勇于探索吧！	

第 13 章
指针

所有的数据都存储在存储器单元中，存储器中的每个单元都有一个编号，称为地址，每一个变量都有地址，一般只有低级语言才有对地址进行操作的功能，C 语言虽然是一种高级语言，但是它也提供了指针数据类型，用来对地址进行操作。

13.1 地址和指针的概念

微视频 13.1：
地址和指针

如果在程序中定义了一个变量，在对程序进行编译时系统按数据类型在内存中为其分配一定数量的内存单元（字节）。每个内存单元都有地址，它们与变量名对应，而内存单元中的内容则是变量的值。例如，有如下定义：

```
int a = 65, b;
char c;
float x;
```

变量 a、b、c、x 的内存分配情况可能如图 13.1 所示。

2000	a:65
2004	b:
2008	c:
2009	x:

图 13.1 变量的内存分配

系统对变量的主要访问方式有两种：直接访问和间接访问。

直接访问是按变量的地址（即变量名）存取变量值，例如：

```
printf("%d ", next);
scanf("%d ", &next);
k = i + j;
```

间接访问是将变量的地址存放在另一个内存单元中，访问时先到存放变量地址的内存单元中取得变量的地址，再由变量的地址找到变量并进行数据存取。

变量的地址指示变量的位置，一般称此地址为该变量的指针。图 13.1 所示中，地址 2000 就是变量 a 的指针。

如果有一个变量专门用来存放另一变量的地址（即指针），则称该变量为指针变量，用"＊"表示指向，即表示指针变量和它所指向的变量之间的关系。

指针、变量的指针和指针变量的关系为：指针存储内存单元的地址，它指向一个内存单元。变量的指针是所在单元的地址，它指向对应的内存单元。指针变量是地址类型变量，地址（指针）也是数据，可以保存在一个变量中，保存地址（指针）的变量称为指针变量。

指针变量 p 中的值是一个地址值，可以说指针变量 p 指向这个地址，如果这个地址是一个变量 i（=65）的地址，则称指针变量 p 指向变量 i。指针变量 p 指向的地址也可能仅仅是一个内存地址。如图 13.2 所示，其中 XXXX、YYYY、ZZZZ 是内存单元的地址。

综上所述，指针就是地址，指针变量就是地址变量。指针变量是变量，它也有地址，指针变量的地址就是指针变量的指针（指针的指针），图 13.2 中的 p1 就是指针变量 p 的指针。

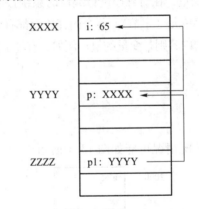

图 13.2　指针示意图

13.2　指针变量

微视频 13.2：
指针变量

13.2.1　定义方式

指针（型）变量的定义方式为：

类型标识符 ＊指针变量名；

例如，"int ＊p1;　char ＊p2;"。

指针变量的3个要素是：类型、值和名。

指针变量的类型和其所指变量的类型一致，指针变量的值是另一个变量所在内存单元的地址。指针变量名遵循标识符的命名规则，不包括"＊"。

例如，如果程序中有下述定义语句：

```
float a;
int  * p1,x = 0;
```

在上述定义的基础上，语句"p1 = &x;"是合法的，而语句"p1 = &a;"则是不合法的，不合法的原因是将 float 型变量的地址放到指向整型变量的指针变量中了。

指针变量也可以不指向任一单元，因为在头文件 stdio. h 中有定义"#define NULL 0"，因此可以在程序中用语句"p = NULL;"给指针变量赋空值，给指针变量赋空值以后，语句" * p = 22;"就是非法的了，执行这样的语句系统会报错。因此，在程序中使用指针变量之前，一定要给该指针赋予确定的地址值。

13.2.2 引用方式

1. 指针变量的赋值

格式:指针变量名=某一地址;

方式1：指针变量名=& 变量名;
例如：

```
int i, j;
int  * pointer_1,  * pointer_2 =&j;
pointer_1 =&i;
```

方式2：指针变量名=另一个已经赋值的指针变量;
例如：

```
int i=3,  * p,  * q;
p =&i;
q = p;
```

2. 直接引用指针变量名
例如：

```
int i, j,  * p,  * q;
p =&i;
q = p;
scanf("%d,%d", q, &j);
```

3. 通过指针变量来引用它所指向的变量

格式:* 指针变量名

含义：表示指针所指向变量的值。应注意的是，这种引用方式要求指针变量必须有值。

例如：

```
int i=1, j=2, k, *p=&i;
k = *p+j;
```

上述定义中的"*p=&i;"等价于"int *p; p=&i;"。执行上述语句后，k 的值变为 3。

4. 指针的移动

指针变量作为地址量，加上或减去一个整数 n，表示指针变量指向当前位置的前方或后方第 n 个数据的位置。两个相同类型的指针变量相减所得的差指两者相隔的数据单元数。

5. 指针变量的关系运算

两个相同类型的指针变量之间可以进行各种关系运算，其结果表示它们所指向地址的位置之间的关系。例如，有如下定义：

```
int *p, *q;
```

则 p<q 表示 p 指向的位置在 q 的前方；p=q 则表示 p 和 q 指向同一位置。

【例 13.1】 通过指针变量访问整型变量程序示例。

```
main()
{
    int a, b;
    int *p1, *p2;
    p1=&a;                      /*将 a 的地址赋给 p1 */
    p2=&b;
    scanf("%d%d", &a, p2);
    printf("%d,%d\n", a, b);        /*用直接访问方式输出变量内容*/
    printf("%d,%d\n", *p1, *p2); /*用间接访问方式输出变量内容*/
}
```

如果输入为"5 10"，则输出为"5,10"和"5,10"。

【例 13.2】 将两个整数按由大到小顺序输出的程序示例。

```
main()
{  int *p1, *p2, *p, a, b;
    a=5; b=9;
    p1=&a;   p2=&b;
```

```
        if(a<b)
          {
              p=p1;
              p1=p2;
              p2=p;
          }
        printf("a=%d, b=%d\n", a, b);
        printf("max=%d, min=%d\n", *p1, *p2);
}
```

例 13.2 中比较两数大小后，不是直接交换两个内存单元的值，而是交换指针。当变量所占内存单元较多时，在进行排序操作时，用交换指针的方法，可以大大减少数据的交换量。

13.2.3 指向指针的指针

指向指针的指针的定义方式为：

类型 **变量名;

例如，以图 13.2 中所示的数据为例：

```
int i, *p, **p1;
i=65;
p=&i;
p1=&p;
```

执行下述语句：

```
printf("%d,%d,%d", i, *p, **p1);
```

输出结果为"65，65，65"。

13.3　指针与函数

微视频 13.3：
指针与函数

13.3.1　用指针作为函数参数

函数的参数可以是整型、浮点型、字符型、指针类型的数据。用指针类型作函数参数的作用是将一个变量的地址值传递到函数中，函数对指针所指单元的操作，即是对主调函数的变量进行操作，这是传地址与传值参数的不同之处。前面介绍的传递参数方式，一般都是传值，函数对实参进行操作，不影响主调函数中的变量。传地址调用时，对应的实参必须是基类型相同的地址值或是已指向某个内存单元的指针变量。

【例13.3】 交换两数程序示例。

```
#include <stdio.h>
main()
{
    int a, b;
    int *p1, *p2;
    void swap(int *pa, int *pb);
    scanf("%d%d", &a, &b);
    p1=&a;      p2=&b;
    if (a<b)
        swap(p1,p2);
    printf("\n%d,%d\n", a, b);
}
void swap(int *pa, int *pb)
{
    int p;
    p=*pa;
    *pa=*pb;
    *pb=p;
}
```

如果输入为"3 5"，则输出为"5,3"。

例13.3 中调用 swap()函数时，传递的参数是指针，swap()函数通过指针实现变量 a、b 值的交换。

【思考】

① 如果把 swap(p1, p2)改为 swap(&a, &b)，结果还一样吗？

② 如果把 swap 函数改为下面的形式，结果又会如何？

```
void swap(int *pa, int *pb)
{   int *p;
    p=pa;
    pa=pb;
    pb=p;   }
```

对于操作①，不影响结果；对于操作②，则不再是对变量 a、b 进行交换，而是对指针进行交换。

13.3.2 指针函数

指针函数是指返回值是指针类型的函数,其定义方式为:

```
类型标识符  *函数名(参数表);
```

例如:

```
int  *a(int x, float y)
  {……}
```

说明:上述定义中,"*"表示此函数是指针函数(函数值是指针),其中,a 是函数名,调用 a( )函数后能得到一个指向整型数据的指针(地址),x、y 是函数 a( )的形参。

【例 13.4】指针函数应用程序示例。

```
main( )
{
    int a, b, *p;
    int  *max( );
    scanf("%d%d", &a, &b);
    p=max(&a, &b);
    printf("max=%d", *p);
}
int  *max(int  *x, int  *y)
{
    if( *x> *y)    return(x);
    else           return(y);
}
```

如果输入为"10 12",则输出为"max=12"。

13.3.3 指向函数的指针

在 C 语言中,函数名代表该函数的入口地址,因此可以定义一种指向函数的指针来存放这类地址,这种指向函数的指针的定义方式为:

```
类型(*指针变量名)( );
```

指向函数的指针的使用方法为:因为函数代码也存放在内存区中,其对应的单元也有地址,所以将函数入口地址(函数名)赋给指向函数的指针变量,即可用指针变量(连同圆括号)代替函数名使用。

例如,设有函数定义:

```
int   max(…)
  {…}
```

```
    int( * p)( );        / * 定义指向函数的指针变量 * /
p = max;
```

上述程序的最后一条语句使 p 指向 max( ) 函数的入口地址，如图 13.3 所示，可以通过 "(* p)(参数)" 来调用 max( ) 函数。

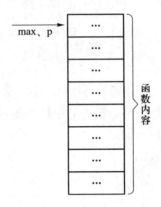

图 13.3　函数的指针示意

【例 13.5】 指向函数指针应用程序示例。

```
main( )
{
    int max( );
    int ( * p)( );                  / * 定义指针变量 * /
    int a, b, c;
    p = max;                        / * 给指针变量赋值 * /
    scanf("%d%d", &a, &b);
    c = ( * p)(a, b);               / * 调用函数 * /
    printf("a=%d, b=%d, max=%d", a, b, c);
}
int max( int x, int y)
{
    int z;
    if (x>y)    z=x;
    else        z=y;
    return (z);
}
```

习题和实验

一、习题

1. 分析下述程序的运行结果。

```
#include<stdio. h>
main( )
{
    int a=7, b=8, *p, *q, *r;
    p=&a;   q=&b;
    r=p;       p=q;       q=r;
    printf("%d%d%d%d%d\n", *p, *q, a, b, NULL);
}
```

2. 分析下述程序的运行结果。

```
float f1(float n)
{
    return n*n;
}
float f2(float n)
{
    return 2*n;
}
main( )
{
    float (*p1)(float), (*p2)(float), (*t)(float), y1, y2;
    p1=f1;    p2=f2;
    y1=p2(p1(2.0));
    t=p1;    p1=p2;    p2=t;
    y2=p2(p1(2.0));
    printf("%3.0f, %3.0f\n", y1, y2);
}
```

3. 分析下述程序的运行结果。

```
void f(int y, int *x)
{
```

```
        y=y+ * x;
        * x= * x+y;
    }
    main( )
    {
        int x=2, y=4;
        f(y, &x);
        printf("%d %d\n", x, y);
    }
```

4. 分析下述程序的运行结果。

```
int a=2;
int f(int * a)
{
    return( * a)++;
}
main( )
{
    int s=0;
    {
        int a=5;
        s+=f(&a);
    }
    s+=f(&a);
    printf("%d %d\n", s, a);
}
```

5. 分析下述程序的运行结果。

```
int  * fun(int  * a,int * b)
{
    return * a< * b? a:b;
}
#include<stdio. h>
main( )
{
    int a=7, b=8, * p, * q, * r;
```

```
        p=&a;    q=&b;
        r=fun(p, q);
        printf("%d %d %d\n", *p, *q, *r);
    }
```

二、实验

进入 Visual C++环境，按下表要求，填写正确代码和调试过程。

源代码	正确代码及调试过程记录

1. 指出下面程序段中的错误并更正。
`int f(…)`
`{`
`    int *p, n = 3;`
`    *p = 2;`
`    …`
`}`	

2. 理解下述程序的功能。
`#include<stdio. h>`
`void f(int **p)`
`{`
`    *p+=3;`
`}`
`void main()`
`{`
`    int a[]={10,20,30,40,50,60}, *p=a;`
`    f(&p);`
`    printf("%d\n", *p);`
`}`	

3. 理解下述程序的功能。
`void main()`
`{`
`    int a=1, b=2, c=3, d=4, *p, *q;`
`    int x[]={1, 2, 3, 4};`
`    p=&b;q=&d;`
`    printf("%3d\n", p-q);`
`    printf("%3d  %3d\n", *(p-1), *(p+1));`
`    p=&x[1];`
`    printf("%3d   %3d\n", *(p-1), *(p+1));`
`}`	

第 14 章

指针与数组

指针表示地址，数组名对应着数组的首地址，所以可以用指针访问数组的元素。

14.1　一维数组与指针

数组的指针就是数组的起始地址，数组元素的指针就是数组元素的地址。数组名代表数组首地址，即数组中首个元素的地址。

微视频 14.1：
一维数组与指针

1. 指向数组首地址的指针变量的定义及赋值方式

定义的同时进行初始化赋值的格式为：

类型　*指针变量名=数组名/& 数组名[0]；

先定义然后赋值的格式为：

类型　*指针变量名；　指针变量名=数组名/& 数组名[0]；

2. 指向数组元素的指针变量的定义及赋值方式

定义的同时进行初始化赋值的格式为：

类型　*指针变量名=& 数组名[下标]；

先定义然后赋值的格式为：

类型　*指针变量名；　指针变量名=& 数组名[下标]；

说明：上述定义和赋值中的类型要与数组的基类型一致。

【例 14.1】阅读下述程序，分析其功能。

```
void f(int *x, int *y)
{
    int t;
    t= *x;    *x= *y;    *y=t;
}
main()
```

```
{
    int a[8]={1, 2, 3, 4, 5, 6, 7, 8}, i, *p, *q;
    p=a;    q=&a[7];
    while(p<q)
    {
        f(p, q);    p++;    q--;
    }
    for(i=0; i<8; i++)    printf("%d,", a[i]);
}
```

函数 f( ) 的功能是交换两个参数变量的值。x、y 作为函数形参，p、q 作为函数实参是数组元素的地址，改变形参的值实际是修改实参变量的值。在 main( ) 函数中的 while 语句执行了 4 次循环，实现了 a[0] 与 a[7]、a[1] 与 a[6]、a[2] 与 a[5]、a[3] 与 a[4] 的交换，所以最后输出结果是 "8,7,6,5,4,3,2,1"。

由于用指针也能表示数组元素，所以数组元素的引用方式就有两种：下标法和指针法。例如，a[i] 为下标法，*(a+i) 为指针法。

【例 14.2】分别用下标法和指针法引用数组元素。

方法 1：下标法。

```
#include <stdio. h>
main( )
{
    int a[10];
    int i;
    for(i=0; i<10; i++)
        scanf("%d", &a[i]);
    printf("\n");
    for(i=0; i<10; i++)
        printf("%d ",a[i]);
}
```

方法 2：指针法。

```
main( )
{
    int a[10];
    int *p, i;
    p=a;
    for(i=0; i<10; i++)
```

```
            scanf("%d", p++);
        printf("\n");
        for(p=a; p<(a+10); p++)
            printf("%d ", *p);
}
```

14.2　二维数组与指针

14.2.1　指向二维数组元素的指针变量

用指针变量可以指向一维数组中的元素，也可以指向多维数组中的元素。多维数组中的指针的定义和引用形式与指向一维数组的指针类似。

微视频 14.2：
二维数组与指针

【例 14.3】输入 2 行 3 列的矩阵各元素的值，将这些值存入一个二维数组，再按行列格式输出。

```
main()
{
    int a[2][3], *p, i, j;
    for(i=0; i<2; i++)
        for(j=0; j<3; j++)
        {
            p=&a[i][j];
            scanf("%d", p);
        }
    for(i=0;i<2;i++)
    {
        printf("\n");
        for (j=0; j<3; j++)
        {
            p=&a[i][j];
            printf("%5d", *p);
        }
    }
}
```

14.2.2 指向二维数组首元素地址的指针变量

定义的同时进行初始化赋值的格式为：

数据类型 *指针变量=& 二维数组名[0][0];

先定义指针变量，然后赋值的格式为：

数据类型 *指针变量;
指针变量=& 二维数组名[0][0];

假设有以下定义：

int a[2][3], *p=&a[0][0];

则数组 a 中元素的表示形式和含义如表 14.1 所示。

表 14.1 二维数组元素的表示形式及含义

表 示 形 式	含 义
a	二维数组第 0 行的首地址
a[0], *(a+0), *a, p	第 0 行第 0 列元素的地址
a+1, &a[1]	第 1 行的首地址
a[1], *(a+1)	第 1 行第 0 列元素的地址
&a[i][j], a[i]+j, *(a+i)+j, &a[0][0]+i*3+j, a[0]+i*3+j, p+i*3+j	第 i 行第 j 列元素的地址
*(&a[i][j]), *(a[i]+j), *(*(a+i)+j), *(&a[0][0]+i*3+j), *(a[0]+i*3+j), *(p+i*3+j)	第 i 行第 j 列元素的值

【例 14.4】使用指向二维数组首元素地址的指针变量重编例 14.3 中的程序。

```
main()
{
    int a[2][3], *p=&a[0][0], i, j;
    for(i=0; i<2; i++)
        for(j=0; j<3; j++)
            scanf("%d", p+i*3+j);
    for(i=0; i<2; i++)
    {
        printf("\n");
        for (j=0; j<3; j++)
            printf("%5d", *(p+i*3+j));
    }
}
```

【注意】例 14.4 中的 p 代表二维数组首元素的地址，不能用 a 代替，因为 a 代表数组第 0 行的首地址。

14.2.3 指向二维数组中某个一维数组的指针变量 ···□

1. 定义指针变量

数据类型（∗指针变量）[m]；

上述定义中，m 是二维数组的列长；（ ）不能舍掉，即不能写成"∗指针变量[m]"，因为[ ]运算符优先级高于∗。

2. 将指针变量指向二维数组的首地址

定义的同时进行初始化赋值的格式为：

数据类型（∗指针变量）[m]＝二维数组名；

先定义然后赋值的格式为：

数据类型（∗指针变量）[m]； 指针变量＝二维数组名；

3. 二维数组中第 i 行对应的一维数组首地址的表示

∗（指针变量+i）

4. 数组元素地址

∗（指针变量+行下标）+列下标

5. 数组元素引用

∗（∗（指针变量+行下标）+列下标）

例如，有下述定义：

int a[2][3]，（∗p）[3]＝a；

则有如下等价关系成立：

| a[i] | 等价于 | ∗(p+i) | 表示第 i 行首的地址。 |
| a[i][j] | 等价于 | ∗(∗(p+i)+j) | 表示第 i 行第 j 列的元素。 |

【例 14.5】用指向二维数组中一维数组的指针变量重新编写例 14.3 中的程序。

```
main( )
{
    int a[2][3]，（∗p）[3]＝a；
    int i，j；
    for(i＝0；i<2；i++)
```

```
        for (j=0; j<3; j++)
            scanf("%d", *(p+i)+j);
    for(i=0; i<2; i++)
    {
        printf("\n");
        for (j=0; j<3; j++)
            printf("%5d", *(*(p+i)+j));
    }
}
```

14.3 字符串与指针

微视频 14.3:
字符串与指针

C 语言中使用字符数组存放字符串,因此也可以使用指针进行字符串的操作。

1. 将指针变量指向字符串常量

定义的同时进行初始化赋值的格式为:

> 数据类型 *指针变量=字符串常量;

例如,"char *p="abcd";"。

先定义然后赋值的格式为:

> 数据类型 *指针变量;   指针变量=字符串常量;

例如,"char *p; p="abcd";"。

【注意】不能将字符串常量直接赋给字符数组,如下述语句是错误的。

char a[10];   a="hello";

2. 指向字符串常量指针变量的使用

> 输出字符串的格式为: printf("%s",指针变量);
> 输入字符串的格式为: scanf("%s",指针变量);
> 第 i 个字符的表示方法为:*(指针变量+i);

【注意】对指向字符串常量的字符型指针进行再输入也会出现错误!例如:

char *p="1234"

scanf("%s", p);

下面是正确的代码:

#include<stdio.h>

main()

```
{
    char a[10], *p=a;
    scanf("%s", p);
    printf("%s", p);
}
```

【例 14.6】将字符串 a 复制到字符串 b 中。

【分析】对字符串中字符的存取，可以用下标方法实现，也可以用指针方法实现，见下述方法 1。也可以定义指针变量，用它的值的改变来指向字符串中的不同字符，见下述方法 2。

方法 1：

```
#include <stdio.h>
main()
{
    char a[]="I am a student.", b[20];
    int i;
    for(i=0; *(a+i)!='\0'; i++)
        *(b+i)=*(a+i);
    *(b+i)='\0';
    printf("a: %s\n", a);
    printf("b: ");
    for(i=0; b[i]!='\0'; i++)
        printf("%c", b[i]);
    printf("\n");
}
```

方法 2：

```
#include <stdio.h>
main()
{
    char a[]="I am a student.", b[20], *p1, *p2;
    int i;
    p1=a;    p2=b;
    for(; *p1!='\0'; p1++, p2++)
        *p2=*p1;
    *p2='\0';
    printf("a: %s\n", a);
    printf("b: ");
```

```
    for(i=0; b[i]!='\0'; i++)
        printf("%c", b[i]);
    printf("\n");
}
```

14.4　指针数组

微视频 14.4:
指针数组

元素类型为指针的数组被称为指针数组,指针数组中每个元素都是一个指针变量。一维指针数组的定义形式为:

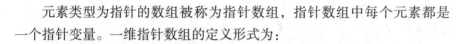
　类型名 *数组名[数组长度];

例如,"int *a[5];"。

由于[ ]的优先级高于*,因此先形成表示 5 个元素的数组,*表示此数组元素为指针类型,每个指针都可以指向一个整型变量的地址。

【例 14.7】分析下述程序的功能。

```
main()
{
    char ch[3][4]={"123", "456", "78"}, *p[3];
    int i;
    for(i=0; i<3; i++)
        p[i]=ch[i];
    for(i=0; i<3; i++)
        printf("%s", p[i]);
}
```

其中,"*p[3]"定义了一个元素指向字符存储单元地址的指针数组,第 1 个 for 循环把二维字符数组的各行首地址赋给指针数组 p 中的元素,第 2 个循环则输出指针数组所指地址的元素,所以结果是"12345678"。

实际上 main( )函数也有两个参数,其完整形式是:

```
main(int argc, char *argv[])
{
    ……
}
```

其中,第 1 个参数是整型变量,第 2 个参数是指向字符型变量的指针数组。main( )函数不能被其他函数调用,这些参数对应的实参是从外部获取的,当使用命令行方式运行编译后生成可执行文件时,允许后面带参数,此时,在程序内部可以通过形参访问它们。

【例 14.8】 调用 main( )函数的参数应用程序示例。

（1）先编辑如下程序，并将其命名为 gg. c。

```
main( int argc, char * argv[ ])
{
    static char ch[5][10];
    int i;
    for(i=0; i<argc; i++)
        strcpy(ch[i], argv[i]);
    for(i=0; i<argc; i++)
        printf("%s", ch[i]);
    printf("argc=%d\n", argc);
}
```

（2）编译、组建文件 gg. c，生成可执行文件 gg. exe，并将 gg. exe 复制到 C 盘根目录下，在桌面上执行"开始"→"程序"→"附件"→"命令提示符"命令，打开"命令提示符"窗口，在窗口中先输入"CD \"，等出现"C:\>"提示符后，再输入"gg. exe 123 456 78"，然后按 Enter 键，即可执行程序，执行结果如图 14.1 所示。程序中把命令行输入的字符串赋给了二维字符数组，然后输出。

图 14.1　main( )函数的参数应用程序执行结果

习题和实验

一、习题

1. 分析下述程序的运行结果。

```
main( )
{
    int a[10]={1, 2, 3, 4, 5, 6, 7, 8, 9, 10}, *p=&a[3], *q=p+2;
    printf("%d\n", *p+*q);
}
```

2. 分析下述程序的运行结果。

```c
void sort(int a[ ], int n)
{
    int i, j, t;
    for(i=0; i<n-1; i++)
        for(j=i+1; j<n; j++)
            if(a[i]<a[j])
                { t=a[i]; a[i]=a[j]; a[j]=t; }
}
main( )
{ int a[10]={1, 2, 3, 4, 5, 6, 7, 8, 9, 10}, i;
    sort(a+2, 5);
    for(i=0; i<10; i++)
        printf("%d,", a[i]);
    printf("\n");
}
```

3. 分析下述程序的运行结果。

```c
main( )
{ int a[10]={1, 2, 3, 4, 5}, i, *p;
    for(p=a; p<a+5; p++)
        printf("%d  ", *p);
    printf("\n");
}
```

4. 分析下述程序的运行结果。

```c
#include <stdio.h>
main( )
{ int a[ ]={1, 2, 3, 4, 5, 6, 7, 8, 9, 10, 11, 12,}, *p=a+5, *q=NULL;
    q=p+5;
    printf("%d %d\n", *p, *q);
}
```

5. 分析下述程序的运行结果。

```c
main( )
{ char a[ ][10]={"123", "abcdef"}, *p=a[0][0];
```

```
        printf("%s%s\n", p+10, p+12);
    }
```

6. 分析下述程序的运行结果。

```
main( )
{   char a[ ]="123456789", *p;
    int i=0;
    p=a;
    while( *p)
    {
        if(i%2==0)    *p='*';
        p++;    i++;
    }
    puts(a);
}
```

7. 分析下述程序的运行结果。

```
point(char *p)
{   p+=3;    *p='X';}
main( )
{
    char a[ ]="123456789", *p=a;
    point(p);
    printf("%c %s", *p, p);
}
```

二、实验

进入 Visual C++环境，按下表要求，填写正确代码和调试过程。

源代码	正确代码及调试过程记录
1. 用指针数组操作，将输入的 5 个字符串按从大到小的顺序输出。	

源代码	正确代码及调试过程记录
2. 在一维数组中查找值最大的元素，输出最大值及其对应的下标，要求用指针完成。	

3. 调试下述程序。
`#include<stdio.h>`
`void main()`
`{`
　　`char a[10], *p="1234";`
　　`a="123";`
　　`scanf("%s", *p);`
`}`	

4. 分析、理解下述程序的功能。
`void main()`
`{`
　　`char * str[ ] = { "You"," are"," wel-`
`come!",""};`
　　`char **p;`
　　`p=str;`
　　`while( **p!='\0')`
　　　　`printf("%s\n", *p++);`
`}`	

5. 分析、理解下述程序中函数 fun() 的功能。
`int fun(char * str[])`
`{`
　　`char *p;`
　　`p=str;`
　　`while( *p)p++;`
　　`return p-str;`
`}`
`main()`
`{`
　　`char a[ ]="123456";`
　　`printf("length=%d\n", fun(a));`
`}`	

第 15 章

结构体与共用体

前几章介绍了基本数据类型——整型、浮点型、字符型等，也介绍了一种构造类型——数组，数组中各元素属于同一种数据类型。在实际生活中描述一个对象时，经常要表述对象的多种属性，如描述学生这种对象，就需要学号、姓名、性别、年龄、成绩、家庭地址等多项类型不同的数据。在使用时要求把这些项作为一个整体，也可单独访问其中的某一项，在 C 语言中用结构体类型实现这种要求。在结构体中可包含若干个类型不同（当然也可以相同）的数据项。

15.1 结 构 体

微视频 15.1：
结构体

1. 结构体类型的定义

定义结构体的语句格式如下：

```
struct 结构体名
    {成员列表};
```

例如，下述语句定义了一个日期类型的结构体：

```
struct date
{   int year;
    int month;
    int day;
};
```

其中，struct 是关键字，是结构体类型的标志。成员列表由结构体成员名及其类型构成。结构体名和结构体成员名都是用户定义的标识符。结构体成员的数据类型可以是简单类型、数组、指针或已经定义过的结构体。每个结构体的成员列表项中都可以包含多个同类型的成员名，它们之间以逗号分隔。结构体中的成员名可以和程序中的其他变量同名；不同结构体中的成员也可以同名。结构体的定义同样要以分号（;）结尾。

上面的定义也可以写成：

```
struct date
{ int year, month, day; };
```

下面的语句定义一种学生档案中每个学生成员的结构体类型：

```
struct student
{   char name[12];
    char sex;
    struct date birthday;
    float score[4];
};
```

结构体类型的定义只是列出了该结构的组成情况，标志着这种新的类型定义，编译程序不会因此而为它分配任何存储空间。真正占有存储空间的仍应是具有相应类型的变量、数组以及动态开辟的存储单元，只有这些"实体"才可以用来存放结构体的数据。因此，在使用结构体变量、数组或指针变量之前，必须先对它们进行定义。

另外需要说明一点，结构体可以多层嵌套，并且允许内嵌结构体成员的名字可以与外层成员名字相同。

2. 结构体类型变量的定义

可以用以下 3 种方式定义结构体类型的变量。

（1）先定义结构体类型再定义变量名。例如：

```
struct student student1, student2;
```

这条语句定义的 student1 和 student2 是前面提到的 struct student 类型的变量，即它们具有 struct student 类型的结构。

（2）定义结构体类型的同时定义变量。定义格式为：

```
struct 结构体名
{   成员列表
}   变量名列表;
```

例如：

```
struct student
    {   int no;
        char name[10];
        char sex;
        int age;
        float score;
        char addr[30];
    }student1, student2;
```

（3）直接定义结构体类型变量。定义格式为：

```
struct
    {成员列表
    {变量名列表;
```

例如:

```
struct
    { int no;
      char name[10];
      char sex;
      int age;
      float score;
      char addr[30];
    }student1, student2;
```

3. 结构体变量的引用

结构体变量的引用方式为:

结构体变量名. 成员名

【注意】使用结构体变量时要注意以下几点:

① 不能将结构体变量作为一个整体进行输入和输出。如下述语句是错误的:

struct student student1, student2;

printf("%d, %s, %c, %d, %f, %f \n",student1);

② 结构体成员和普通变量一样,可以进行各种运算,在各类运算符中"."的优先级最高。例如:

student2. score=student1. score;　　student1. age++;

③ 如果成员本身就是一个结构体,则只能对最低级的成员进行赋值等引用和运算,例如,"student1. birthday. month=5;"。

④ 可以引用结构体变量成员的地址,也可以引用结构体变量的地址,例如:

scanf("%d", &student1. num);　　　　/＊引用结构体成员地址＊/

printf("%o", &student1);　　　　　　/＊引用结构体变量地址＊/

⑤ 两个同一类型的结构体变量之间可以整体赋值。

4. 结构体变量的初始化

对结构体变量可以在定义时指定初始值,例如:

```
struct student
    { long int num;
```

```
        char name[20];
        char sex;
        char addr[20];
}a={1001,"LiMin",'M',"Beijing Road"};
```

5. 结构体成员的赋值

对于上述变量 a. name 的值，除了可以通过初始化赋值外，还可以通过以下方式赋值：

```
scanf("%s", a. name);
gets(a. name);
strcpy(a. name, "LiMin");
```

15.2　结构体数组

一个结构体变量中可以存放一组数据，如果有 30 个学生的数据需要参加运算，显然应该用数组，这就是结构体数组。

微视频 15.2：　微视频 15.3：
结构体数组　结构体应用——民主选举

1. 结构体数组的定义

结构体数组的定义方法和结构体变量类似，只需说明它是数组即可。例如：

```
struct student
    {   int no;
        char name[20];
        char sex;
        int age;
        float score;
        char addr[30];
    }stu[3];
struct student stu1[3];
```

2. 结构体数组的初始化

与其他类型的数组一样，对结构体数组可以初始化。例如：

```
struct student
    { int no;   char name[20];   char sex;
      int age;   float score;   char addr[30];
    }stu[2]={{1001, "LiMin", 'M', 18, 87.5, "Beijing Road"},{1002, "ZhangFang",
     'F', 19, 99, "Shanghai Road"}};
```

3. 结构体数组元素的引用

结构体数组元素的引用格式为：

结构体数组名[元素下标]. 结构体成员名

15.3　指向结构体类型数据的指针

微视频 15.4：
结构体与指针

1. 指向结构体变量的指针变量

指向结构体变量的指针也称为结构体指针，它保存了结构体变量的存储单元首地址。结构体指针的定义形式为：

struct 结构体类型名　*指针变量名；

例如：

struct student stu，*p；
p=&stu；

有了指向结构体变量的指针，就可以用以下 3 种方法中的一种访问结构体变量成员了。

① 结构体变量. 成员名
② (*结构体指针). 成员名
③ 结构体指针->成员名

2. 指向结构体数组的指针变量

对于已经定义的结构体数组，若用一个变量来存放该结构体数组在内存中的首地址，则该变量为指向结构体数组的指针变量。如下述语句定义了结构体类型 person、结构体指针变量 p、结构体变量 s 和结构体数组 boy。

```
struct person
    { char name[10]；
      int age；
    }；
struct person *p, s, boy[3]={"Zhang", 18, "Wang", 20, "Li", 17}；
```

则下述语句使 p 指向数组 boy 的首地址：

p=boy；

将结构体变量与结构体数组的首地址赋给结构体指针的不同之处如下：

p=&s；　　　　　　　　　/*s 为结构体变量*/
p=boy；　　　　　　　　　/* boy 为结构体数组，boy 为数组的首地址 */

结构体指针也可以指向结构体数组的一个元素，这时结构体指针变量的值是该结构体数组元素的首地址。

若要将结构体成员的地址赋给结构体指针 p，则必须使用强制类型转换操作，转换形式为：

p=(struct 结构体类型名 *)& 结构体数组元素.成员名

3. 用结构体变量作为函数参数

在调用函数传递参数时，用结构体变量的成员作参数，使用方法与普通变量一样。如果用结构体变量作实参，则所有成员按值传递给形参。如果用指向结构体变量（或数组）的指针作实参，则将结构体变量（或数组）的地址传给形参。

【例15.1】阅读下述程序，分析程序运行结果。

```c
#include<string.h>
struct STU
{    int num;
     float TotalScore;
};
void f(struct STU p)
{
     struct STU s[2]={{20044,550},{20045,537}};
     p.num = s[1].num;
     p.TotalScore = s[1].TotalScore;
}
main()
{
     struct STU s[2]={{20041,703},{20042,580}};
     f(s[0]);
     printf("%d  %3.0f\n", s[0].num, s[0].TotalScore);
}
```

上述程序在开始处定义了一个结构体类型 STU，在 main() 函数和 f() 函数内分别定义了两个同名结构体数组，并赋了初值，调用函数时，使用了传值方式传递参数，f() 函数对形参的改变不影响主函数的 s[0]，所以程序运行结果为：

20041   703

【例15.2】阅读下述程序，分析程序运行结果。

```c
struct STU
{    char name[10];
```

```
        int num;
        int Score;
};
main( )
{   struct STU s[5]={{"YangSan", 20041, 703},{"LiSiGuo", 20042, 580},
                     {"WangYin", 20043, 680},{"SunDan", 20044, 550},
                     {"PengHua", 20045, 537}}, *p[5], *t;
    int i, j;
    for(i=0; i<5; i++)    p[i]=&s[i];
    for(i=0; i<4; i++)
        for(j=i+1; j<5; j++)
            if(p[i]->Score>p[j]->Score)
            { t=p[i];    p[i]=p[j];    p[j]=t;}
    for(i=0; i<5; i++)
            printf("%10s%7d%5d\n", p[i]->name, (*p[i]).num, p[i]->Score);
}
```

上述程序在开始处定义了一个结构体类型 STU，主函数中定义了一个结构体数组 s 并赋了初值，同时又定义了一个指针数组 p，并用循环把 s 的成员地址送给了指针数组，每一个指针指向一个结构体数组元素。双重循环则是对数组进行选择排序，每遍选择一个最小的值，但现在交换的是指针数组的地址值，而结构体数组的元素并没有移动，当结构体元素较大时，移动少量的地址的效率要远高于移动大量数组元素。最后显示出的排序结果为：

PengHua	20045	537
SunDan	20044	550
LiSiGuo	20042	580
WangYin	20043	680
YangSan	20041	703

15.4 共 用 体

用户可以把几种不同类型的变量放到同一段内存单元中，程序运行时只用到其中的某一个变量。这种使几个不同的变量共占同一段内存的结构，称为共用体类型的结构。共用体类型与结构体类型的定义和使用方法相似，但存储方式不同，结构体变量中的成员各自占有自己的存储空间，而共用体变量中的所有成员占有同一个存储空间。

微视频 15.5：
共用体和 typedef

1. 共用体类型的定义

```
union 共用体名
    { 成员表列 };
```

例如：

```
union data
    { short i;
      char ch;
      float f;
    };
```

上面定义的共用体类型变量 data 在内存中占用 4 个字节的存储空间，其存储方式如图 15.1 所示。

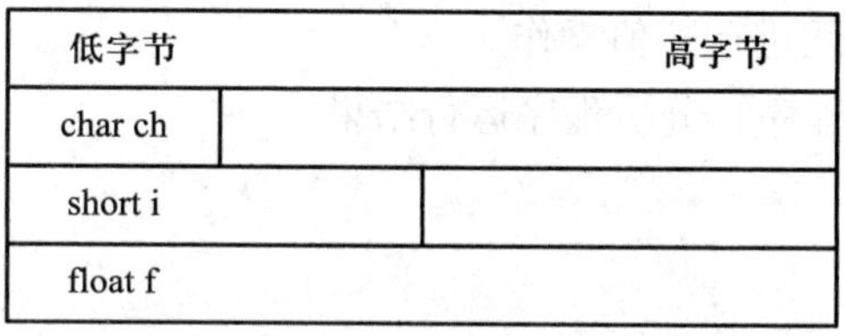

低字节		高字节
char ch		
short i		
float f		

图 15.1 共用体类型变量存储示意

2. 共用体类型变量的定义

共用体类型变量的定义方法与结构体类型变量的定义方法相同，有 3 种，下面以实例说明。

（1）第 1 种方法实例。

```
union data
    {   int i;
        char ch;
        float f;
    };
union data a, b, c;
```

（2）第 2 种方法实例。

```
union data
    {   int i;
        char ch;
        float f;
    }a, b, c;
```

（3）第 3 种方法实例。

```
union
{      int i;
       char ch;
       float f;
}a, b, c;
```

3. 共用体变量中成员的引用方式

与结构体完全相同，可以使用以下 3 种形式中的一种引用共用体类型变量中的成员。

① 共用体变量名. 成员名

② 指针变量名->成员名

③（＊指针变量名). 成员名

旧版本的 C 标准完全禁止对共用体变量进行整体操作。新的 ANCI C 标准允许在两个类型相同的共用体变量之间进行赋值操作。

【例 15.3】阅读下述程序，分析程序运行结果。

```
union
{      int i;
       char ch;
       float f;
}a, b;
main( )
{
       a. i＝500;
       b＝a;
       printf("%d %d\n", b. i, b. ch );
}
```

上述程序的输出为"500 −12"。在这种情况下，访问 b.i 有意义，而访问 b.ch 和 b.f 则没有意义。

与结构体类型变量一样，共用体类型变量可以作为实参进行传递，也可以传递共用体类型变量的地址。

4. 共用体和结构体的比较

结构体变量所占内存长度是各成员所占内存长度之和，其中每个成员都分别占有自己的内存单元；而共用体变量所占内存长度等于其中成员所占的最大内存长度。

5. 共用体类型数据的特点

同一个内存段每一瞬时只能存放一个成员，共用体变量中起作用的成员是最后一次存放的成员。共用体变量的地址和它的各成员的地址相同。

共用体类型可以出现在结构体类型定义中，也可以定义共用体数组。反之，结构体也可以出现在共用体类型定义中，数组也可以作为共用体的成员。

15.5 用 typedef 定义类型

C 语言除了可以直接使用提供的标准类型名之外，还允许用 typedef 定义一种新类型名，定义新类型名语句的一般形式为：

typedef 类型名 标识符；

其中，"类型名"必须是此语句之前已有定义的类型标识符。"标识符"由用户定义，用来作为新的类型名。typedef 语句的作用是用"标识符"来代表已存在的"类型名"，并未产生新的数据类型，原有类型名仍然有效。例如：

typedef int INTEGER；
typedef float REAL；

上述语句指定用 INTEGER 代表 int 类型，用 REAL 代表 float 类型，因此，以下两行语句是等价的：

int i, j;   float a, b;
INTEGER i, j;   REAL a, b;

归纳起来，定义一个新的类型名的方法有以下两种。

（1）先按定义普通变量的方法写出定义体，例如，下面的程序段定义了一个变量 st：

struct STU
｛ int num；
  float TotalScore；
｝st；

（2）在类型名的最前面加上关键词 typedef，例如：

typedef struct STU
｛ int num；
  float TotalScore；
｝st；

至此 st 就不再是变量而是新类型名，此后就可以用此新类型名去定义变量了。

要注意用 typedef 定义类型说明符和用宏定义表示数据类型的区别。

宏定义只是简单的字符串替换，在预处理阶段完成，而 typedef 在编译时处理，它不是进行简单的替换，而是对类型说明符重新命名。被命名的标识符具有类型定义说明的功能。请看下面的例子：

```
#define PIN1 int *
typedef ( int * ) PIN2;
```

从形式上看上面两个定义是相似的，但在实际使用中却不相同。下面用 PIN1、PIN2 说明变量时就可以看出它们的区别，对于"PIN1 a, b;"，在宏替换后变成"int * a, b;"，表示 a 是指向整型的指针变量，而 b 是整型变量。然而对于"PIN2 a,b;"，则表示 a、b 都是指向整型的指针变量。因为 PIN2 是一个类型说明符。由这个例子可知，宏定义虽然也可表示数据类型，但毕竟是进行字符替换，在使用时要格外小心，以免出错。

例 15.1 中的程序可改成如下形式：

```
#include<string. h>
typedef struct STU
  { int num;
    float TotalScore;
  } st;
void f( st p)
  { st s[2] = { {20044, 550}, {20045, 537} };
    p. num = s[1]. num;
    p. TotalScore = s[1]. TotalScore;
  }
main( )
  { st s[2] = { {20041, 703},{20042, 580} };
    f( s[0] );
    printf("%d  %3.0f\n", s[0]. num, s[0]. TotalScore);
  }
```

由此，在函数中就可以用 st 代替 struct STU，书写程序就方便多了。

习题和实验

一、习题

1. 分析下述程序的运行结果。

```
struct STU
  { char name[10];
```

```
        int num;
};
void f1(struct STU c)
{    struct STU b={"LiSiGuo", 2042};
     c=b;
}
void f2(struct STU * c)
{    struct STU b={"SunDan", 2044};
     *c=b;
}
main()
{    struct STU a={"YangSan", 2041}, b={"WangYin", 2043};
     f1(a);      f2(&b);
     printf("%d %d\n", a.num, b.num);
}
```

2. 分析下述程序的运行结果。

```
struct st
{    int a;
     char b;
};
struct st fun(struct st x)
{   x.a=99;    x.b='S';    return x; }
main()
{    struct st y;
     y.a=0;    y.b='A';
     printf("y.a=%d   y.b=%c\n", y.a, y.b);
     y=fun(y);
     printf("y.a=%d    y.b=%c\n", y.a, y.b);
}
```

3. 输入 10 个学生的学号、姓名、语文成绩、数学成绩，计算总分，并按总分排序输出学生信息。

二、实验

进入 Visual C++环境，按下表要求，填写正确代码和调试过程。

源代码	正确代码及调试过程记录
通过调试下述程序进一步理解共用体的概念。 ```c\nunion myun\n{ struct\n { int x, y, z; }u;\n float x;\n}a;\nmain( )\n{ a.u.x=1;\n a.u.y=2;\n a.u.z=3;\n a.x=4.0;\n printf("%d %d", a.u.x, a.u.z);\n}\n```	

第 16 章

链表

当一个结构体的一个成员是指针类型，而该指针指向另一个结构体时，就可以构成一个链表。链表的建立是通过系统动态分配内存空间来实现的。

16.1 动态存储分配

因为 C 语言中没有动态数组类型，在数组的应用中，为了使用预先不能确定大小的数组，我们曾采用多定义空间的方法，但这样做在很多时候会浪费存储空间，如果能根据大小的需要申请空间就好了，实际上 C 语言系统也提供了动态分配功能来解决这类问题。为了解决上述问题，C 语言提供了一些内存管理函数，这些内存管理函数可以按需要动态地分配内存空间，也可以把不再使用的空间回收待用，从而为有效地利用内存资源提供了手段。

微视频 16.1:
链表的基础知识

前面我们用于存储数据的变量和数组都必须在说明部分进行定义。C 编译程序通过定义语句了解它们所需存储空间的大小，并预先为其分配适当的内存空间。这些空间一经分配，在变量或数组的生存期内固定不变，这种分配内存的方式称为"静态存储分配"。

C 语言提供了另一种称为"动态存储分配"的内存空间分配方式，程序在执行期间需要空间来存储数据时，通过"申请"，系统为它分配指定的内存空间，当有空间闲置不用时，系统可以随时将其释放，另作他用。用户可通过调用 C 语言提供的标准库函数来实现动态分配，从而得到或释放指定大小的内存空间。

常用的内存管理函数有以下 3 个。

微视频 16.2:
链表中的思政

1. 分配内存空间函数 malloc()

malloc()函数的调用形式为：

（类型说明符＊）malloc(size);

函数功能：在内存的动态存储区中分配一段长度为 size 字节的连续空间。函数返回值为该空间的首地址，若没有足够的内存单元供分配，函数返回"NULL"（表示空）。类型说明符表示把该空间用于何种数据类型。（类型说明符＊）表示把返回值强制转换为该类型指针。size 是一个无符号数。例如，"p=（char＊）malloc(10);"表示分配 10 个字节的内存空间，并强制将该内存空间转换为字符数组类型，函数的返回值为指向该字符数组的指针，该指针将被赋予指针变量 p。

2. 分配内存空间函数 calloc( )

calloc( )函数的调用形式为：

（类型说明符 * ）calloc(n, size)；

函数功能：在内存动态存储区中分配 n 段长度为 size 字节的连续空间。函数的返回值为该空间的首地址。（类型说明符 * ）用于强制类型转换。

calloc( )函数与 malloc( )函数的区别仅在于后者一次可以分配 n 段空间。例如：

ps = (struct stu *) calloc(2, sizeof(struct stu))；

其中，sizeof(struct stu)用于求 stu 结构的长度。该语句的功能是：按 stu 的长度分配两段连续的内存空间，强制将该内存空间转换为 stu 类型，并把其首地址赋予指针变量 ps。

3. 释放内存空间函数 free( )

free( )函数的调用形式为：

free(p)；

函数功能：释放 p 所指向的一段内存空间，p 是一个任意类型的指针变量，它指向被释放空间的首地址。被释放空间应是由 malloc( )或 calloc( )函数所分配的区域。释放的空间可以由系统重新支配，此函数没有返回值。

【例 16.1】动态申请及释放一段内存空间程序示例。

```
main( )
{
    struct stu
    {
        int no;
        char * name;
        float score;
    } * p;
    p = ( struct stu * ) malloc( sizeof( struct stu ) );
    p->no = 1002;
    p->name = "ZhaoLing";
    p->score = 78.5;
    printf( "No = %d\nName = %s\n", p->no, p->name );
    printf( "Score = %f\n", p->score );
    free( p );
}
```

本例的程序中定义了一个 stu 结构,定义了 stu 类型指针变量 p。按 stu 的大小分配一块内存空间区域,并把首地址赋予 p,使 p 指向该区域。再以 p 为指向结构体的指针变量对各成员赋值,并用 printf( ) 函数输出各成员的值。最后用 free( ) 函数释放 p 指向的内存空间。整个程序包含了申请内存空间、使用内存空间、释放内存空间 3 个步骤,实现了存储空间的动态分配。

16.2 链 表

静态分配的数组是一段连续的内存空间,各元素所占的物理内存空间是连续的,对数组元素,可以用数组名加下标的方式或用指针的连续变化的方式进行访问,而动态分配的内存空间块大多是不连续的,那如何表示它们的逻辑关系,如何在前后的内存块中建立联系呢?使用指针就能解决这个问题,通过指针可以在内存块之间建立联系从而形成一个链,这种链称为"链表"。链表是一种常见的重要的数据结构,是动态进行内存分配的一种结构。

16.2.1 利用结构体变量构成链表 ···□

结构体成员可以是各种类型的指针变量。当一个结构体中有一个或多个成员是指针,即它们的基类型是本结构体类型时,通常把这种结构体称为可以"引用自身的结构体"。

【例 16.2】引用自身的结构体程序示例。

```c
#include <stdio.h>
typedef struct node link;
struct node
{   char data;
    link * next;
};
main( )
{
    link * h, * p, * q;
    h=(link * )malloc(sizeof(link));
    h->data='A';
    p=h;
    q=(link * )malloc(sizeof(link));
    p->next=q;
    q->data='B';
    p=q;
    q=(link * )malloc(sizeof(link));
```

```
        p->next = q;
        q->data = 'C';
        q->next = NULL;
        printf("%c\n", p->data);
}
```

　　当定义例 16.2 的可以"引用自身的结构体"时，允许先定义类型，再定义结构体。在例 16.2 的 node 结构体里，next 是一个可以指向 link 类型变量的指针。例 16.2 中的程序建立了如图 16.1 所示的链表。

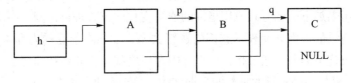

图 16.1　链表存储结构

　　在链表中，指针变量 h 称为头指针，存放指向第一个元素结点的地址。每一个结点由用户需要的实际数据（数据域）和链接结点的指针（指针域）两个域组成。最后一个结点的指针域由于不需要存放地址，所以置成 NULL，表示链表结束。这种链表的每一个结点只有一个指针域，每一个指针域存放指向下一个结点的地址，所以，这种链表只能从当前结点找后继结点，故称为单向链表。如果将单向链表的最后一个结点的指针域指向第一个元素结点，就形成了单向循环链表。将单向链表中的每一个结点增加一个指向前面的相邻结点的指针域时，就形成了双向链表。

微视频 16.3：
链表的基本操作

16.2.2　访问链表

　　对数组元素的访问可以通过下标随机进行，对于链表中下一个结点的访问只能通过链接结点的指针来进行，下面的程序是访问头指针为 p 的链表的函数。

```
list(link *p)
{
        while(p)
        {
            printf("%c", p->data);
            p = p->next;
        }
}
```

　　当头指针非空时，上述函数访问其结点的数据值，并把指针指向其后继，直到后继为空，这样即可实现对链表的遍历。

【例 16. 3】 建立一个后进先出的链表，并遍历它。

```c
#include<stdio. h>
typedef struct node link;
struct node
{    char data;
    link * next;
};
list(link * p)
{

    while(p)
    {    printf("%c", p->data);
        p=p->next;
    }
    printf("\n");
}
main()
{

    link * h, * p;
    char ch;
    h=NULL;
    scanf("%c", &ch);
    while(ch! =' ')
    {

        p=(link * )malloc(sizeof(link));
        p->data=ch;
        p->next=h;
        h=p;
        scanf("%c", &ch);
    }
    list(h);
}
```

上述程序实现输入一个字符串，以空格结束输入，然后逆向输出该字符串。在输入的过程中动态申请空间，建立结点，最后调用函数 list()，因为新建立的结点总是插入到表头，所以最后建立的结点，最先被访问。

先进后出（first-in-last-out，FILO）的链表称为栈；先进先出（first-in-first-out，FIFO）的链表被称为队列。下面的程序段实现建立一个先进先出的链表。

```
link  * h, * p, * t;
char ch;
h = NULL;    t = NULL;
scanf("%c", &ch);
while(ch! = ' ')
{
    p = (link  * )malloc(sizeof(link));
    p->data = ch;
    p->next = NULL;
    if (h == NULL)
        h = p;
    else
        t->next = p;
    t = p;
    scanf("%c", &ch);
}
```

16.2.3　插入和删除结点

例 16.3 的程序实际上是在原头结点之前插入一个结点，这时必须知道前面结点的指针，一般地，对该例来说，在 p、q 指示的前后相邻的两个结点之间插入结点 x 的过程如下：

（1）用 malloc( )函数为新结点 x 申请存储空间，并给数据域赋值。

```
x = (link  * )malloc(sizeof(link));
x->data = ch;
```

（2）把新结点插入 p 与 q 之间。

```
x->next = q;      p->next = x;
```

要删除指定的结点 x 时，也必须知道其前驱 p（即 p 的后继是 x），删除的过程如下：

（1）让 p 结点的后继指向 x 的后继。

```
p->next = x->next;
```

（2）释放结点 x 占有的空间。

```
free(x);
```

总之，在插入或删除结点时要保证链表不能断开。

【例 16.4】编制程序，在程序中设计一个在链表中指定位置插入结点的函数，并建立存储 A~Z 的字母表链表。

【分析】在链表第 i 个位置插入结点，就要找第 i-1 个结点，为了使插入的第一个结点像插入其他结点一样，需要在主程序中先建立一个不存储信息的头结点或 0 号结点。程序如下：

```c
#include<stdio.h>
typedef struct node link;
struct node
    {   char data;
        link * next;
    };
void list(link  * p)
{
    while(p)
    {
        printf("%c", p->data );
        p=p->next;
    }
}
int ListInsert(link  * L, int i, char e)
{
    link * p, * s;
    int j;
    p=L;    j=0;
    while(p&&j<i-1)                 /* 寻找第 i-1 个结点 */
        {
        p=p->next;
        ++j;
        }
    if(!p || j>i-1)    return 0;         /* 当 i<1 或 i 大于表的长度时加 1 */
    s=(link * )malloc(sizeof(link));
    s->data=e;
    s->next=p->next;
    p->next=s;
    return 1;
```

```
}                              /*在第i个位置插入结点*/
main( )
{
    link *h;
    int i;
    h=(link *)malloc(sizeof(link));
    /*为方便插入,先建立一个不存储信息的头结点或0号结点*/
    h->data=' ';
    h->next=NULL;
    for(i=1; i<=26; i++)
        ListInsert(h, i, 'A'+i-1);
    list(h);
}
```

习题和实验

一、习题

1. 建立一个有序链表,输入字符到链表,并将字符按照 ASCII 码由小到大进行排列。

2. 以下程序的功能是:建立一个带有头结点的单向链表,并将存储在数组中的字符依次转存到链表的各个结点中,请从与下划线处号码对应的一组选项中选择正确的选项。

```
#include <stdlib. h>
struct node
    {  char data;    struct node *next;};
    ___①___  CreatList(char *s)
{  struct node *h, *p, *q;
   h=(struct node *)malloc(sizeof(struct node));
   p=q=h;
   while( *s! ='\0')
   {  p=(struct node *)malloc(sizeof(struct node));
      p->data=___②___;
      q->next=p;
      q=___③___;
      s++;
```

```
    }
        p->next='\0';
        return h;
    }
main( )
{   char str[ ]="link list";
    struct node *head;
    head=CreatList(str);
}
```

① A. char *   B. struct node   C. struct node *   D. char
② A. *s   B. s   C. *s++   D. (*s)++
③ A. p->next   B. p   C. s   D. s->next

3. 分析下述程序的运行结果。

```
struct NODE
{   int k;
    struct NODE *link;
};
main( )
{
        struct NODE m[5], *p=m, *q=m+4;
        int i=0;
        while(p!=q)
        {   p->k=++i;   p++;
            q->k=i++;   q--;
        }
        q->k=i;
        for(i=0; i<5; i++)
            printf("%d", m[i].k);
        printf("\n");
}
```

二、实验

进入 Visual C++环境，按下表要求，填写正确代码和调试过程。

源代码	正确代码及调试过程记录
1. 已知 a、b 为两个链表的头指针，编写函数，把链表 b 合并到链表 a 中。	
2. 有如下定义： struct ldat {　int num; 　　struct ldat ＊next; }; 通过函数实现以下功能： ① 建立一个链表，从数组中读入数据。 ② 计算所有结点的数据域的和。 ③ 对链表按结点数据的逆序排序。	

第 17 章

文件

在运行前面学习过的程序时，输入和输出的数据相当多，但是程序运行后，涉及的数据都不能保存下来以便再利用，如果能将它们保存在文件中，就可以解决运行程序后保存数据的问题了。

17.1 文件概述

微视频 17.1：
文件

文件一般是指存储在外部介质（如磁盘、磁带）上的数据的集合。操作系统以文件为单位对保存在外部介质上的数据进行管理。

（1）数据可以按文本形式或二进制形式存放在外部介质上，文件按编码方式（存储形式）分为文本文件和二进制文件。

文本文件中每个字节存放一个 ASCII 码，代表一个字符。文本文件的内容既可以在屏幕上显示，也可以打印出来供用户阅读，但使用这类文件与内存交换数据时需要进行转换。

二进制文件将内存中的数据按其在内存中的存储形式原样输出，其占用空间少，内存和磁盘使用二进制文件进行数据交换时无须转换，二进制文件的内容虽然也可在屏幕上显示，但其内容一般难以理解。C 语言系统在处理这些文件时，并不区分类型，把它们都看成字符流，按字节进行处理。输入输出字符流的开始和结束只由程序控制而不受物理符号（如回车符）控制，因此也把二进制文件称作"流式文件"。

（2）按照读写方式可以把文件分为顺序文件和随机文件。前者只能从前往后顺序进行读写，而后者则表示访问数据的时间不因位置不同而异。

（3）按存储介质可以把文件分为磁盘文件和设备文件。文件通常存储在外部介质（如磁盘等）上，在使用时才调入内存。磁盘文件是指存储在磁盘或其他外部介质上的一个有序数据集，可以是源文件、目标文件、可执行程序；也可以是一组待输入处理的原始数据，或者是一组输出的结果。设备文件是指与主机相连的各种外部设备，如显示器、打印机、键盘等。在操作系统中，把外部设备也看成是一个文件进行管理，把对它们的输入输出等同于对磁盘文件的读和写。

（4）按照系统对文件的处理方法可把文件分为缓冲文件和非缓冲文件。

① 缓冲文件系统：系统自动在内存中为每个正在使用的文件开辟一个缓冲区。从磁

盘文件读数据时，一次性从文件中将一些数据输入到内存缓冲区（充满缓冲区）中，然后再从缓冲区逐个将数据送给接受变量；向磁盘文件输出数据时，先将数据送到内存缓冲区中，装满缓冲区后才一起输出到磁盘。这种文件系统可以减少对磁盘的实际访问（读写）次数，提高读写文件的效率。ANSI C 只采用缓冲文件系统。

② 非缓冲文件系统：不由系统自动设置缓冲区，而由用户根据需要设置。

17.2　文件类型指针

在 C 语言中可以用一个指针变量指向一个文件，这种指针称为文件指针。通过文件指针就可对它所指示的文件进行各种操作。

在缓冲文件系统中，每个被使用的文件都要在内存中开辟一个 FILE 结构体类型的区域，用来存放文件的有关信息，该结构体中含有文件名、文件状态和文件当前位置等信息。在编写源程序时不必关心 FILE 结构的细节。

定义文件指针的一般形式为：

> FILE ∗指针变量名；

其中，FILE 要大写，例如，"FILE ∗fp;"中定义的 fp 是一个指向 FILE 类型结构体的指针变量。可以使 fp 指向某一个文件的结构体变量，从而通过该结构体变量中的文件信息访问该文件。如果程序对 n 个文件进行操作，一般应设 n 个指针变量，使它们分别指向这 n 个文件，以实现对文件的访问。

C 程序会自动建立 3 个系统设备文件指针，它们是标准输入 stdin、标准输出 stdout、标准错误输出 stderr。一般来说，第一个为键盘，后两个为显示器。

对文件的操作的步骤是：打开→读写→关闭。这些操作可以通过函数来实现，程序中如果使用了这类函数，要求包含头文件 stdio.h。

微视频 17.2：
文件操作函数 1

17.3　与文件操作相关的函数

17.3.1　打开文件函数

打开文件实际上是建立文件的各种有关信息，并使文件指针指向该文件，以便对其操作。例如，在定义了 fp 文件指针后，可以用下述形式调用 fopen()函数，打开文件。

> fp＝fopen(文件名，使用文件方式)；

函数功能：以某种使用文件方式打开文件名所指的文件并使文件指针 fp 指向该文件，如果调用成功，则返回 FILE 类型指针，否则返回 NULL，表示失败。

操作系统用文件名在磁盘上识别文件，而程序则用指针来访问文件。因此，调用 fopen()函数相当于建立了一座磁盘文件与程序之间的桥梁。

文件名包含路径、文件名、扩展名；路径中要用"\\"表示目录，如"d:\\mydat.txt"。文件的使用方式及各种方式的含义如表 17.1 所示。

表 17.1　文件的使用方式及其含义

文件使用方式	含　义
"r"	（只读）为输入打开一个文本文件
"w"	（只写）为输出打开一个文本文件
"a"	（追加）向文本文件末尾增加数据
"rb"	（只读）为输入打开一个二进制文件
"wb"	（只写）为输出打开一个二进制文件
"ab"	（追加）向二进制文件尾增加数据
"r+"	（读写）为读/写打开一个文本文件
"w+"	（读写）为读/写建立一个新的文本文件
"a+"	（读写）为读/追加写打开一个文本文件
"rb+"	（读写）为读/写打开一个二进制文件
"wb+"	（读写）为读/写建立一个新的二进制文件
"ab+"	（读写）为读/追加写打开一个二进制文件

17.3.2　关闭文件函数

文件使用完后，要调用 fclose( ) 函数及时关闭文件。调用形式为：

　fclose(文件指针);

函数功能：关闭文件指针所指的文件，释放相应的文件信息区。文件正常关闭时，函数返回值应为 0。

17.3.3　读写文件中字符的函数

调用读写文件中字符的函数可以按字符（字节）为单位读写文件，每次从文件读出或向文件写入一个字符。

1. 读字符函数 fgetc( )

fgetc( ) 函数的功能是从指定的文件中读出一个字符，函数调用形式为：

　字符变量=fgetc(文件指针);

例如，"ch=fgetc(fp);"的含义是从 fp 所指向的已经被打开的文件中读取一个字符并送入变量 ch 中。

调用 fgetc( ) 函数读取的文件必须以只读或读写方式打开。

在文件内部有一个位置指针用来指示文件当前读写的字节。打开文件时，该指针总是指向文件的第一个字节。使用 fgetc( ) 函数后，该位置指针将自动向后移动一个字节。

【**例 17.1**】读入 mydat. txt 文本文件，在屏幕上显示其内容。

```c
#include <stdio.h>
main()
{
    FILE *fp;
    char ch;
    fp=fopen("d:\\mydat.txt", "r");
    if(fp!=NULL)
    {
        ch=fgetc(fp);
        while(ch!=EOF)
        {
            printf("%c", ch);
            ch=fgetc(fp);
        }
    }
    fclose(fp);
}
```

在运行例 17.1 中的程序前，要先创建一个文本文件 mydat. txt，例如，把本例的程序源代码保存到 d:\mydat. txt 文件中，则运行程序后的效果如图 17.1 所示。

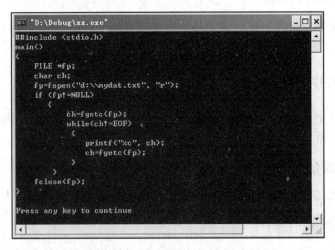

图 17.1　运行例 17.1 程序的效果

【**注意**】如果读取的是非文本文件，显示结果可能是乱码字符。

2. 写字符函数 fputc( )

fputc( ) 函数的功能是把一个字符写入指定的文件中，函数调用形式为：

fputc(字符，文件指针)；

其中，待写入的字符可以是字符常量或变量，如"fputc('a', fp);"的含义是把字符'a'写入 fp 所指向的文件中。

使用 fputc( )函数时，被写入字符的文件可以用只写、读写、追加方式打开，用只写或读写方式打开一个已存在的文件时，从文件首开始写入字符，文件原内容被清除。如需保留原有文件内容，希望写入的字符从文件末开始存放，必须以追加方式打开文件。被写入的文件若不存在，则创建该文件。每写入一个字符，文件内部位置指针向后移动一个字节。fputc( )函数有一个返回值，如写入成功则返回写入的字符，否则返回一个 EOF。可用此来判断写入是否成功。

【例 17.2】读入 mydat. txt 文本文件，将读到的内容复制到 mydat1. txt 文本文件中。

```c
#include <stdio. h>
main( )
{
    FILE  * fp, * fp1;
    char ch;
    fp = fopen("d:\\mydat. txt", "r");
    fp1 = fopen("d:\\mydat1. txt", "w");
    if(fp! = NULL)
      {
            ch = fgetc(fp);
            while(ch! = EOF)
            {
                fputc(ch, fp1);
                ch = fgetc(fp);
            }
      }
    fclose(fp);
    fclose(fp1);
}
```

在运行本程序前应预先在 D 盘根目录下创建 mydat. txt 文件，程序运行结束后，可以在 D 盘根目录下查看到 mydat1. txt 文件，它与 mydat. txt 文件的内容相同。

17.3.4 读写文件中字符串的函数

1. 读字符串函数 fgets( )

fgets( )函数的功能是从指定的文件中读一个字符串到字符数组中，

微视频 17.3：
文件操作函数 2

函数调用形式为:

fgets(字符数组名, n, 文件指针);

其中, n 是一个正整数, 表示从文件中读出的字符串长度不超过 n-1 个字符。在读入的最后一个字符后加上串结束标志'\0'。读出 n-1 个字符之前, 如遇到了换行符或 EOF, 则读入结束。fgets( )函数也有返回值, 其返回值是字符数组的首地址。若没有读取内容就不对数组赋值。

2. 写字符串函数 fputs( )

fputs( )函数的功能是向指定的文件写入一个字符串, 函数调用形式为:

fputs(字符串, 文件指针);

其中, 字符串可以是字符串常量, 也可以是字符数组名或指针变量。

【例 17.3】 用字符串读写函数读入 mydat. txt 文本文件, 将读到的内容复制到 mydat1. txt 文本文件中。

```
#include <stdio. h>
main( )
{
    FILE  * fp,  * fp1;
    char ch[100];
    fp = fopen("d:\\mydat. txt", "r");
    fp1 = fopen("d:\\mydat1. txt", "w");
    if(fp! = NULL)
    {   fgets(ch, 100, fp);
        while( !feof(fp))
        {
            fputs(ch, fp1);
            fgets(ch, 100, fp);
        }
    }
    fclose(fp);
    fclose(fp1);
}
```

例 17.3 的程序实际上是以行为单位读取字符串, 并将读到的字符串写入新文件中。在此, 行的长度限制在 100 个字符以内。

17.3.5　读写文件中数据块的函数 ·· ▫

C 语言还提供了用于读写整块数据的函数 fread( )和 fwrite( ), 可以用它们来读写一组数据，如一个数组元素、一个结构体变量的值等。

调用读数据块函数的一般形式为：

fread(buffer, size, count, fp) ;

调用写数据块函数的一般形式为：

fwrite(buffer, size, count, fp) ;

上述调用中，buffer 是一个指针，在 fread( ) 函数中，它表示存放输入数据的首地址；在 fwrite( ) 函数中，它表示存放输出数据的首地址。size 表示数据块的字节数。count 表示要读写的数据块块数。fp 表示文件指针。例如，执行语句"fread(a, 4, 5, fp) ;"，则表示将从 fp 所指的文件中，每次读取 4 个字节（一个实数）送入实数数组 a 中，连续读取 5 次，即读取 5 个实数到 a 中。

【例 17.4】阅读下述程序，分析程序运行结果。

```
#include<stdio. h>
struct STU
{   char name[10];
    int num;
    int Score;
};
main( )
{   struct STU s[5] = {{"YangSan", 20041, 703}, {"LiSiGuo", 20042, 580},
                    {"WangYin", 20043, 680}, {"SunDan", 20044, 550},
                    {"PengHua", 20045, 537}}, p[5];
    int i, j;
    FILE  * fp;
    fp = fopen("d:\\mydat1. txt", "w");
    fwrite(s, sizeof(struct STU), 5, fp);
    fclose(fp);
    fp = fopen("d:\\mydat1. txt", "r");
    fread(p, sizeof(struct STU), 5, fp);
    for(i = 0; i<5; i++)
        printf("%10s%7d%5d\n", p[i]. name, p[i]. num, p[i]. Score);
    fclose(fp);
}
```

例 17.4 的程序的功能是把 5 个学生数据写入文件，又从文件中读取学生数据到数组 p 中并显示。运行该程序后的效果如图 17.2 所示。

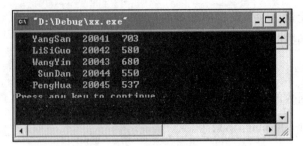

图 17.2 运行例 17.4 程序的效果

17.3.6 对文件格式化读写的函数

用来对文件格式化读写的函数有 fscanf( )和 fprintf( )，这两个函数的功能与前面介绍过的 scanf( )、printf( )相似。两者的区别在于 fscanf( )和 fprintf( )的读写对象不是键盘和显示器，而是磁盘文件。这两个函数的调用格式分别为：

fscanf(文件指针, 格式字符串, 输入项地址列表);

fprintf(文件指针, 格式字符串, 输出项列表);

例如：

fscanf(fp, "%d%s", &i, s);　　　fprintf(fp, "%d%c", j, ch);

【例17.5】用 fscanf( )函数读入例 17.4 生成的 mydat1. txt 文件数据，并显示文件内容。

```c
#include<stdio. h>
struct STU
{    char name[10];
     int num;
     int Score;
};
main( )
{    struct STU p[5];
     int i;
     FILE  * fp;
     fp=fopen("d:\\mydat1. txt", "r");
     for(i=0; i<5; i++)
         fscanf(fp,"%s%d%d", &p[i]. name, &p[i]. num, &p[i]. Score);
     for(i=0; i<5; i++)
         printf("%10s%7d%5d\n", p[i]. name, p[i]. num, p[i]. Score);
       fclose(fp);
}
```

17.3.7 随机读写文件

用前面介绍的文件读写方式都只能对文件进行顺序读写，即只能从头开始读写文件，顺序读写各个数据。在实际应用中常要求只读写文件中某一指定的部分。为了解决这个问题需要移动文件内部的位置指针到需要读写的位置，再进行读写，这种读写称为随机读写。实现随机读写的关键是按要求移动文件位置指针，这称为文件定位。

微视频 17.4：
文件读写函数 3

1. 文件定位

移动文件内部位置指针的函数主要有两个：rewind( )函数和 fseek( )函数。

rewind( )函数用于把文件内部的位置指针移到文件首，其调用形式为：

rewind(文件指针)；

fseek( )函数用来移动文件内部位置指针，其调用形式为：

fseek(文件指针，位移量，起始点)；

其中，文件指针指向被移动的文件。位移量表示移动的字节数，位移量应是 long 型数据，以便在文件长度大于 64 KB 时不会出错，当用常量表示位移量时，要求加后缀 L。起始点表示从何处开始计算位移量，规定的起始点有 3 种：文件首（SEEK_SET 或 0），当前位置（SEEK_CUR 或 1）和文件尾（SEEK_END 或 2）。例如，下述语句表示把位置指针移到离文件首 100 个字节处：

fseek(fp, 100L, 0)；

另外，fseek( )函数一般用于二进制文件。在文本文件中由于要进行转换，因此计算的位置往往会出现错误。

2. 文件的随机读写

在移动位置指针之后，即可用前面介绍的任意一种读写函数进行读写。由于一般是读写一个数据块，因此常用 fread( )函数和 fwrite( )函数。

【例 17.6】修改例 17.5 中生成的文件中第 3 个学生的数据。

```
#include<stdio. h>
struct STU
{   char name[10];
    int num;
    int Score;
};
main( )
{   struct STU p[5], a={"MSsmart", 20001, 509};
    int i;
```

```
    FILE  * fp;
    fp = fopen( "d:\\mydat1. txt" , "rb+" );
    fseek( fp, 2 * sizeof( struct STU) , 0);
    fwrite( &a,  sizeof( struct STU) , 1, fp);
    for( i = 0; i<5; i++)
        { fseek( fp, i * sizeof( struct STU) , 0);
        fscanf( fp, "%s%d%d" , &p[ i]. name, &p[ i]. num, &p[ i]. Score);
        }
    for( i = 0; i<5; i++)    printf( "%10s%7d%5d\n" , p[ i]. name, p[ i]. num, p[ i]. Score);
        fclose( fp);
}
```

例 17.6 程序运行后的效果如图 17.3 所示。

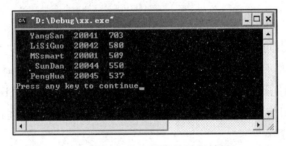

图 17.3　例 17.6 程序的运行效果

17.3.8　检测文件的函数

C 语言中常用的检测文件的函数有以下 3 个。

1. 文件结束检测函数 feof( )

feof(文件指针);

函数功能：判断文件位置指针是否指向文件结束，若指向，则返回 1，否则返回 0。

2. 读写文件出错检测函数 ferror( )

ferror(文件指针);

函数功能：检查文件在用各种输入输出函数进行读写时是否出错。如返回值为 0 表示未出错，否则表示有错。

3. 文件出错标志和文件结束标志置零函数 clearerr( )

clearerr(文件指针);

函数功能：将出错标志和文件结束标志置为 0 值。

习题和实验

一、习题

1. 分析下述程序的运行结果。

```c
#include<stdio. h>
main( )
{   FILE  * fp;
    int i, k, n;
    fp=fopen( "data. dat", "w+" );
    for( i=1; i<6; i++)
        {   fprintf( fp, "%d    ", i);
            if( i%3==0)    fprintf( fp, "\n" );
        }
    rewind( fp);
    fscanf( fp, "%d%d", &k, &n);    printf( "%d %d\n", k, n);
    fclose( fp);
}
```

2. 分析下述程序的运行结果。

```c
#include <stdio. h>
main( )
{   FILE  * fp;
    int i, a[4]={1, 2, 3, 4}, b;
    fp=fopen( "data. dat", "wb" );
    for( i=0; i<4; i++)
        fwrite( &a[ i], sizeof( int), 1, fp);
    fclose( fp);
    fp=fopen( "data. dat", "rb" );
    fseek( fp, -2L * sizeof( int), SEEK_END);
    fread( &b, sizeof( int), 1, fp);
    fclose( fp);
    printf( "%d\n", b);
}
```

二、实验

进入 Visual C++环境，按下表要求，填写正确代码和调试过程。

源代码	正确代码及调试过程记录
1. 编程统计文本文件中的字符数及行数。	
2. 编写程序实现如下功能： ① 输入学生姓名和其语文、数学成绩，并存入文件 file1. dat 中。 ② 从文件 file1. dat 中读取信息，计算总分，并把总分等信息写入 file2. dat 中。 ③ 将 file2. dat 中的信息按总分从高到低显示在屏幕上。	

第 18 章

编制小型比赛选手计分系统

前面几章学习了 C 语言的大部分内容，我们已经能用它们编程解决一些问题了，但是到现在为止，还没有编制过一个有实际应用价值和具有一定规模的应用软件系统。本章以编制一个简单的小型比赛选手计分系统为例，介绍编写实际应用程序的大致过程及相关内容。

18.1　需求分析

软件开发中，用户的相关要求都属于需求的范畴。用户的需求有一个动态变化过程，在没有和软件开发者实际接触前，用户很难描述出最终的要求，因此开始就要求用户确定完整需求的想法是不现实的。实际上，软件开发过程就是响应用户不断变化的需求的过程。所以在新的软件开发方法论中，对软件开发的认识和传统的有较大的区别。新的软件开发方法强调快速开发、原型开发，积极与用户交流、沟通，根据用户变化的需求提高软件的功能和竞争力，最终满足用户的需求。

对用户需求进行描述的方法没有特别的要求，可能是一次交谈的记录，也可能是用户的一封电子邮件。如对于本章要开发的软件，用户最初给出的需求可能就是一句话：

> 我们要举行一个比赛，请你设计一个计分程序，最后能排出选手的名次就行了。

当开发者真正深入下去就会产生许多疑问，例如，有多少个选手，对他们记录什么信息？有多少个评委，对他们记录什么信息？选手如何编号？比赛顺序如何确定……

用户这时可能会给出更多的描述：

> 选手人数没有最后确定，20 个以内，报名时只要先记录下选手姓名就行了，按报名编号和抽签结果决定比赛顺序。有 7 个评委，要记录他们的姓名，显示所评的分数时要显示评委姓名，计算选手得分时，要去掉一个最高分和一个最低分，然后计算另 5 位评委给出的平均分并将其作为选手的成绩。最后要按平均分从高到低的顺序排出所有选手的名次。

这样的描述就比较清楚了，据此就可进行系统设计了，上述问题比较简单，采用我们已经学过的知识就能解决，为简化问题，在界面上不做细致的设计，主要应完成以下工作：

（1）设计记录选手及评委信息的结构体。根据需求，选手数目不定，评委 7 个，为了使程序具有一定的通用性，可以先定义两个常量：

```
#define judgenum 7
#define playernum 20
```

定义如下的结构体：

```
typedef struct player            /*记录选手信息*/
{   char name[10];
    float score[judgenum+1];
    int playno, no;
} stp;
typedef struct judge             /*记录评委信息*/
{
    char name[10];
    int no;
} stj;
```

（2）根据程序应完成的功能，可以把整个软件划分为以下几个子功能模块：录入选手姓名、录入评委姓名、录入选手成绩、查询选手成绩、选手成绩排名、查询评委打分。

（3）设计主控模块，该模块完成以下功能：显示出各个子功能名称；提供用户选择功能，根据用户的选择执行相应的函数模块；直到用户选择退出系统，才退出整个程序。

（4）与用户交流后得知，选手比赛过程可能有一定的时间跨度，因此需要把信息记录保存在文件中。

有了以上的分析，下一步就要进行程序设计了。

18.2 递增式开发

在程序开发中，要使用快速原型法，把初步设计结果尽早展示给用户，以便用户及时提出新的需求，并尽早地发现问题，避免到最后才发现存在重要问题，给开发造成困难。

一般来说，所谓递增式开发，指的是解决问题时，先解决核心问题，在此基础上再发现和满足其他需求。这种开发方式反映在程序设计中就是指递增式编程、调试。首先可以编写出如下不会有任何问题的程序：

```
#include<stdio. h>
main( )
{

}
```

先把框架搭建好，再逐个增加编制完成各项子功能的函数，边增加边调试。每增加一段代码后，要及时编译、调试，及时发现错误。增加数据定义后的代码如下：

```
#include<stdio. h>
#define judgenum 7
#define playernum 20
typedef struct player
{ char name[10];
  float score[judgenum+1];
  int playno, no;
} stp;
typedef struct judge
{
    char name[10];
    int no;
} stj;
main()
{
}
```

18.2.1 设计主控模块

主控模块调用菜单显示程序，在用户选择了某个子功能后，调用相应的函数。实际运行程序时，可以用 switch 语句根据用户的选择分别执行相应的函数。比较好的方法是用指向函数的指针调用函数。可以用一个数组表示指向多个函数的入口，根据用户选择，分别调用相应的函数。下面的程序是初步设计的程序主控模块和几个子功能模块。

```
#include<stdio. h>
fun1()
{   printf("fun1\n");
}
fun2()
{   printf("fun2\n");
}
main()
{
    int choice;
    void ( * pro[6])() = {fun1, fun2, fun3, fun4, fun5, fun6};
```

```
    do
    {
        choice = 1;
        if( choice! = 7)    ( * pro[ choice−1])( );
    } while( choice! = 7);
}
```

这样，令 choice = 1 就能选择执行 fun1( )了，下面就要设计一个提示本程序各项子功能以及供用户输入功能选择的菜单程序了。

18.2.2　设计显示用户菜单的模块

本模块使用 printf( )函数输出显示各项子功能的名称，让用户进行选择，并返回用户的选择结果，代码如下：

```
int selemenu( )
{
    int choice;
    do
    {
        printf( "##########选手计分系统#############\n" );
        printf( "##                                ##\n" );
        printf( "##        1. 录入选手姓名          ##\n" );
        printf( "##        2. 录入评委姓名          ##\n" );
        printf( "##        3. 录入选手成绩          ##\n" );
        printf( "##        4. 查询选手成绩          ##\n" );
        printf( "##        5. 选手成绩排名          ##\n" );
        printf( "##        6. 查询评委打分          ##\n" );
        printf( "##        7. 退出系统              ##\n" );
        printf( "###################################\n" );
        printf( "请选择 1~7:" );
        scanf( "%d", &choice );
    } while( !( choice> = 1&&choice< = 7));
    return choice;
}
```

把此模块放在 18.2.1 节编写的 main( )主函数前，把原来主函数中的"choice = 1;"语句改为"choice = selemenu( );"。

18.2.3 设计其他模块

有了上面的框架后，现在要逐一设计完成各项子功能的函数。

1. 录入选手姓名函数

在函数中定义结构体数组，建立选手信息文件，根据参赛选手人数输入选手数目，分别录入各个选手的姓名，在录入时对各选手的成绩进行初始化。

```
fun1( )
{
    int pn, i, j;
    stp pl[playernum];
    FILE  * fp;
    fp=fopen("player. dat", "wb");
    printf("输入选手数:");
    scanf("%d", &pn);
    for(i=0; i<pn; i++)
    {
        printf("请输入%d 号姓名:", i+1);
        scanf("%s", pl[i]. name);
        pl[i]. playno=i;
        for(j=0; j<=judgenum; j++)
                pl[i]. score[j]=0;
    }
    fwrite(pl, sizeof(stp), pn, fp);
    fclose(fp);
}
```

2. 录入评委姓名函数

```
fun2( )
{
    int i;
    stj pl[judgenum];
    FILE  * fp;
    fp=fopen("judge. dat", "wb");
    for(i=0; i<judgenum; i++)
    {
```

```
            printf("请输入%d 号评委姓名:", i+1);
            scanf("%s", pl[i].name);
            pl[i].no=i;
        }
        fwrite(pl, sizeof(stj), judgenum, fp);
        fclose(fp);
}
```

3. 录入选手成绩函数

在使用本函数录入选手成绩的同时，需要找出他所得的最高分、最低分，计算出平均分。

```
fun3()
{
    stp pl[playernum];
    FILE *fp;
    int pn, i=0, j;
    float sc, sum, min, max;
    fp=fopen("player.dat", "rb+");
    if (fp!=NULL)
    {
        while(!feof(fp))
            fread(&pl[i++], sizeof(stp), 1, fp);
        printf("请输入选手编号:");
        scanf("%d", &pn);
        i=0;
        pn--;
        while(pl[i].playno!=pn &&i<playernum)    i++;
        if(pl[i].playno==pn)
        {
            sum=0;    min=999;    max=0;
            for(j=0; j<judgenum; j++)
            {
                printf("请输入%d 号评委分数:", j+1);
                scanf("%f", &sc);
                pl[i].score[j]=sc;
```

```
                    if(min>sc)    min=sc;
                    if(max<sc)    max=sc;
                    sum=sum+sc;
                }
                pl[i].score[judgenum]=(sum-min-max)/(judgenum-2);
                fseek(fp, i*sizeof(stp), 0);
                fwrite(&pl[i], sizeof(stp), 1, fp);
            }
            else
                printf("选手号有误! \n");
        }
        else
            printf("选手记录文件尚未建立! \n");
        fclose(fp);
}
```

4. 显示评委姓名函数

由于在显示选手成绩及最后显示排名时都要输出评委姓名,所以设置此函数。

```
listjud()
{
    stj pl[judgenum];
    FILE  *fp;
    int i=0, j;
    fp=fopen("judge.dat", "rb+");
    if(fp!=NULL)
    {
        while(!feof(fp))
            fread(&pl[i++], sizeof(stj), 1, fp);
        for(j=0; j<judgenum; j++)
            printf("%10s", pl[j].name);
    }
    else
        printf("没有评委信息");
    fclose(fp);
}
```

5. 查询选手成绩函数

```
fun4( )
{
    stp pl[playernum];
    FILE *fp;
    int pn, i=0, j;
    fp=fopen("player. dat", "rb+");
    if(fp! =NULL)
        {
            while( !feof(fp) )
                fread(&pl[i++], sizeof(stp), 1, fp);
            printf("请输入选手编号:");
            scanf("%d", &pn);
            i=0;
            pn--;
            while(pl[i]. playno! =pn &&i<playernum)    i++;
            if(pl[i]. playno==pn)
            {   listjud( );      printf("   最后分数\n");
                for(j=0; j<judgenum+1; j++)
                        printf("%10. 2f",pl[i]. score[j]);
                    printf("\n");
            }
            else
                printf("选手号有误! \n");
        }
    else
        printf("选手记录文件尚未建立! \n");
    fclose(fp);
}
```

6. 选手成绩排名函数

本函数的功能是先读取选手信息，按最后得分用选择排序法对结构体数组进行排序，然后输出。

```
fun5( )
{
```

```
        stp pl[playernum], per;
        FILE *fp;
        int pn, i=0, j;
        fp=fopen("player. dat", "rb+");
        if(fp!=NULL)
        {
            while(!feof(fp))
                fread(&pl[i++], sizeof(stp), 1, fp);
            pn=i-1;
            for(i=0; i<pn-1; i++)
                for(j=i+1; j<pn; j++)
                    if(pl[i]. score[judgenum]<pl[j]. score[judgenum])
                    {
                        per=pl[i];
                        pl[i]=pl[j];
                        pl[j]=per;
                    }
            for(i=0; i<pn; i++)
            {
                printf("第%d 名: ", i+1);
                printf("%10s", pl[i]. name );
                for(j=0; j<=judgenum; j++)
                    printf("%10. 2f", pl[i]. score[j]);
                printf("\n");
            }
        }
        else
            printf("选手记录文件尚未建立! \n");
        fclose(fp);
    }
```

说明: 请读者按习题要求, 自己完成评委打分模块对应函数 fun6()的编写。

习题和实验

一、习题

请自行完成本章程序中查询评委打分模块对应的函数，增加把选手排名结果输出到文本文件中的功能。

二、实验

进入 Visual C++环境，按下表要求，填写正确代码和调试过程。

源代码	正确代码及调试过程记录

调试、运行下述程序。
``c
#include<stdio.h>
main( )
{
  int i, pn;   char s[10];
  printf("输入选手数:");
  scanf("%d", &pn);
  for(i=0; i<3; i++)
  {
      printf("请输入%d 号姓名:", i+1);
      gets(s);
      printf("%s", s);
  }
}
``	

第 19 章

二级考试上机试题举例

许多读者学习了 C 语言程序设计后要参加教育部组织的计算机等级考试中的二级 C 语言考试，二级 C 语言考试中上机考试的题型主要有程序填空题、程序修改题和程序设计题3 类。

19.1 程序填空题

【例 19.1】请补充 main( )函数，该函数的功能是：通过键盘输入一个字符串并保存在字符串 str1 中，把字符串 str1 中下标为偶数的字符保存在字符串 str2 中并输出。例如，当 str1 = " cdefghij" 时，则 str2 = " cegi"。

注意：部分源程序给出如下。

请勿改动主函数 main( )和其他函数中的任何内容，仅在函数 fun( )中的横线上填入所编写的若干表达式或语句。

试题程序：

```
#include<stdio. h>
#include<conio. h>
#define LEN 80
main( )
{
    char str1[LEN], str2[LEN];
    char * p1 = str1, * p2 = str2;
    int i = 0, j = 0;
    printf("Enter the string:\n");
    scanf(_____①_____);
    printf(" *** the origial string *** \n");
    while( * (p1+j))
    {
        printf("_____②_____", * (p1+j));
        j++;
```

```
    }
    for( i=0; i<j; i+=2)
        *p2++= *( str1+i) ;
    *p2='\0';
    printf( "\nThe new string is:%s\n" , _____③_____) ;
    }
```

【答案】

① "%s" , str1   ② %c   ③ str2

【分析】

填空1：这里考查对标准输入函数 scanf( ) 的调用格式，当输入字符串时，格式控制字符串为"%s"，题目要求将输入的字符串保存在 str1 中，所以地址表列应为字符串的首地址，即为 str1。

填空2：这里考查对标准输出函数 printf( ) 的调用格式，当输出为字符时，格式控制字符串为"%c"。

填空3：题目要求将 str1 中下标为偶数的字符保存在字符串 str2 中并输出，所以 printf( ) 函数的输出表列是 str2。

【例19.2】 请补充函数 fun( )，该函数的功能是判断一个数的个位数字和百位数字之和是否等于其十位数字，如果是，则返回"yes!"；否则返回"no!"。

注意：部分源程序给出如下。

请勿改动主函数 main( ) 和其他函数中的任何内容，仅在函数 fun( ) 中的横线上填入所编写的若干表达式或语句。

试题程序：

```
#include <stdio. h>
#include <conio. h>
char *fun( int n)
{
    int g, s, b;
    g=n%10;
    s=n/10%10;
    b= _____①_____ ;
    if( ( g+b)==s)
        return _____②_____ ;
    else
        return _____③_____ ;
}
```

```
main()
{
    int num=0;
    printf(" ******Input data *******\n");
    scanf("%d\n", &num);
    printf(" ****** The result *******\n");
    printf("%s\n", fun(num));
}
```

【答案】

① n/100%10　　　　② "yes!"　　　　③ "no!"

【分析】

填空1：由程序可以知道，变量 g 保存了整数的个位数，变量 s 保存了整数的十位数，所以变量 b 应该保存整数的百位数。将整数除以 100 再对 10 取余，则得到这个整数的百位数。

填空2：当个位数字与百位数字之和等于十位数字时，则返回"yes!"。

填空3：当个位数字与百位数字之和不等于十位数字时，则返回"no!"。

【例 19.3】请补充函数 fun()，该函数的功能是求一维数组 x[N] 的平均值，并对所得结果进行四舍五入，要求保留两位小数。

例如，当 x[13] = {15.6, 19.9, 16.7, 15.2, 18.3, 12.1, 15.5, 11.0, 10.0, 16.0, 12.3, 16.5, 16.8} 时，结果为：avg = 15.070000。

注意：部分源程序给出如下。

请勿改动主函数 main() 和其他函数中的任何内容，仅在函数 fun() 中的横线上填入所编写的若干表达式或语句。

试题程序：

```
#include<stdio. h>
#include<conio. h>
#define N 13
double fun( double x[N])
{
    int i;
    long t;
    double avg=0.0;
    double sum=0.0;
    for(i=0; i< N; i++)
    ____①____ ;
```

```
        avg = sum/N;
        avg = _____②_____ ;
        t = _____③_____ ;
        avg = (double)t/100;
        return avg;
}
main( )
{
        double avg, x[N] = {15.6,19.9,16.7,15.2,18.3,12.1,15.5,11.0,10.0,16.0,
12.3,16.5,16.8};
        int i;
        printf(" \nThe original data is :\n");
        for(i=0; i<N; i++)
            printf(" %6.1f", x[i]);
        printf(" \n\n");
        avg=fun(x);
        printf("average=%f\n\n", avg);
}
```

【答案】

① sum+=x[i]　　　　② avg*1000　　　　③ (avg+5)/10

或

① sum+=x[i]　　　　② avg*100　　　　③ avg+0.5

【分析】

填空 1：通过 for 循环求出 N 个数的累加和，存于变量 sum 中。

填空 2：为了实现四舍五入并保留两位小数的功能，应将平均值先扩大 1 000 倍。

填空 3：将平均值加上 5，再除以 10，实现四舍五入的功能。

19.2　程序修改题

【例 19.4】在主函数中通过键盘输入若干个数放入数组中，用 0 结束输入并把它放在最后一个元素中。下列给定程序中，函数 fun( ) 的功能是计算数组元素中值为负数的平均值（不包括 0）。

例如，假设数组中元素的值依次为 43、−47、−21、53、−8、12、0，则程序运行结果为：−25.333333。

请改正程序中的错误，使它能得到正确结果。

注意：不要改动 main( ) 函数，不得增行或删行，也不得更改程序的结构。

试题程序：

```
#include <conio. h>
#include <stdio. h>
double fun( int x[ ] )
{
    double sum=0. 0;
    int c=0, i=0;
/ ********************found********************/
    while( x[ i ]==0)
        {
            if( x[ i ]<0)
                {
                    sum=sum+x[ i ];
                    c++;
                }
            i++;
        }
/ ********************found********************/
    sum=sum\c;
    return sum;
}

main( )
{
    int x[ 1000 ];
    int i=0;
    printf(" \nPlease enter some data( end with 0)  :" );
    do
    {
        scanf(" %d", &x[ i ]);
    }while( x[ i++ ]! =0);
    printf(" %f\n", fun( x ) );
}
```

【答案】

① 错误：while(x[i]==0)   正确：while(x[i]! =0)

② 错误：sum=sum\c;   正确：sum=sum/c;

【分析】

错误1：此处考查的是对循环条件的理解，当被判断的数组元素为0时，说明它是数组的最后一个元素，此时要跳出循环。

错误2：C语言中的除法运算符是"/"，而不是"\"。

【例19.5】 下列给定的程序中，函数 fun( ) 的功能是：计算并输出 k 以内最大的 6 个能被 7 或 11 整除的自然数之和。k 的值由主函数传入，例如，当 k 的值为 500 时，函数的返回值为 2925。

请改正程序中的错误，使它能得到正确结果。

注意：不要改动 main( ) 函数，不得增行或删行，也不得更改程序的结构。

试题程序：

```
#include<stdio. h>
#include <conio. h>
int fun( int k )
{
  int m=0, mc=0, j;
/********************** found **********************/
  while(k>=2)&&(mc<6)
    {
/********************** found **********************/
      if((k%7=0) || (k%11=0))
        {
/********************** found **********************/
          m=k;
          mc++;
        }
      k--;
    }
  return m;
}
main( )
{
    printf("%d\n ", fun(500));
}
```

【答案】

① 错误：while(k>=2)&&(mc<6)

　正确：while((k>=2)&&(mc<6))或 while(k>=2 && mc<6)

② 错误：if((k%7=0)‖(k%11=0))

  正确：if((k%7==0)‖(k%11==0))

③ 错误：m=k；

  正确：m=m+k；

【分析】

错误1：C语言规定while语句后的表达式两侧必须要有圆括号。

错误2：if语句的判断条件应是关系运算符，而不是赋值运算符。

错误3：根据题意，对满足条件的数求累加和。

19.3 程序设计题

【例19.6】请编写下述程序中的函数fun()，它的功能是：求出1到1000之内能被5或13整除，但不能同时被5和13整除的所有整数，并将它们放在a所指的数组中，通过n返回这些数的个数。

注意：部分源程序给出如下。

请勿改动主函数main()和其他函数中的任何内容，仅在函数fun()的花括号中填入所编写的若干语句。

试题程序：

```c
#include <conio.h>
#include <stdio.h>
void fun(int *a, int *n)
{



}
main()
{
  int aa[1000], n, k;
  fun(aa, &n);
  for(k=0; k<n; k++)
    if((k+1)%10==0)
      {
          printf("%5d", aa[k]);
          printf("\n");         /*一行显示10个数*/

      }
```

```
        else
            printf("%5d ", aa[k]);
}
```

【答案】

```
void fun(int * a, int * n)
{
    int i, j=0;
    for(i=1; i<=1000; i++)
        if((i%5==0 || i%13==0)&&i%65!=0)    a[j++]=i;
    * n=j;
}
```

【分析】注意本题要求找出能被 5 或 13 整除但不能同时被 5 和 13 整除的所有整数。能同时被 5 和 13 整除的整数一定能被 65 整除，而不能被 65 整除的数不一定能被 5 或 13 整除，所以可得出程序中的判断条件为 if((i%5==0 || i%13==0)&&i%65!=0)。(i%5==0 || i%13==0)要作为一个整体被判断，按运算优先级可知，此时两边必须要有小括号。

【例 19.7】N 名学生的成绩已在主函数中放入一个带头指针的链表结构中，h 指向链表的头结点。请编写函数 fun()，它的功能是：找出学生成绩中的最低分，用函数值返回。

注意：部分源程序给出如下。

请勿改动主函数 main()和其他函数中的任何内容，仅在函数 fun()的花括号中填入所编写的若干语句。

试题程序：

```
#include <stdio. h>
#include <stdlib. h>
#define N 8
struct slist
{   double s;
    struct slist * next;
};
typedef struct slist STREC;
double fun(STREC * h)
{
```

```
        }
STREC  * creat (double * s)
{    STREC * h, * p, * q;
     int i=1;
     h=p=(STREC * ) malloc( sizeof( STREC ) ) ;
     p->s=s[0];
     while( i<N)
     {   q=(STREC * ) malloc( sizeof( STREC ) ) ;
         q->s=s[i];    i++;   p->next=q;   p=q;
     }
     p->next=NULL;
     return h;                              /* 返回链表的首地址 */
}
outlist( STREC * h)
{    STREC * p;
     p=h;
     printf( "head" ) ;
     do
        { printf( "->%2.0f ", p->s) ;   p=p->next; }   /* 输出各分数 */
     while( p! =NULL) ;
     printf( "\n\n " ) ;
}
main( )
{
     double s[N] = {56, 89, 76, 95, 91, 68, 75, 85}, min;
     STREC * h;
     h=creat(s) ;
     outlist(h) ;
     min=fun(h) ;
     printf( "min=%6.1f\n ", min) ;
}
```

【答案】

```
double fun( STREC * h)
{
```

```
        double min=h->s;
        while(h! =NULL)          /*通过循环找到最低分数*/
          {  if(min>h->s)
                   min=h->s;
               h=h->next;
          }
        return min;
}
```

【分析】 在本题中,h 为一个指向结构体的指针变量,若要引用它所指向的结构体中的某一成员,则要用指向运算符"->"。由于数据结构是一个链表,所以若要使 h 逐一往后移动,则需使用语句"h=h->next;"。

【例 19.8】 请编写一个函数 fun(char *s),该函数的功能是把字符串中的内容逆置。

```
#include <stdio. h>
#include <string. h>
void fun( char * s)
{


}
main( )
{
    char s[ ]="1234";
    fun(s);
    printf("%s", s);
}
```

【答案】

```
void fun( char * s)
{
    char ch;
    int i=0, m, n;
    m=n=strlen(s)-1;
    while(i<(n+1)/2)
      {
          ch=s[i];
          s[i]=s[m];
```

```
            s[m]=ch;
            i++;   m--;
        }
    }
```

【分析】逆置就是将字符串中与首尾距离相同的元素进行互换，首先用 i、m 分别指向字符串首尾的元素，然后通过"i++;""m--;"变化指针，完成互换。

习题和实验

1. 程序填空。以下程序的功能是输出 a、b、c 3 个变量中的最小值，请将程序补充完整。

```
#include <stdio. h>
main( )
{
    int a,b,c,t1,t2;
    / ***********SPACE ***********/
    scanf("%d%d%d",&a,&b,_____);
    t1=a<b? a:b;
    / ***********SPACE ***********/
    t2=c<t1? _____;
    printf("%d\n",t2);
}
```

2. 程序改错。编写函数 fun( ) 求整数 n 以内（不包括 n）3 的倍数之和，在 main( ) 函数中通过键盘输入 n，并输出运算结果。例如，若 n 为 500 时，则结果为 41 583。请改正程序中的错误，使它能输出正确的结果。

注意：不可以增加或删除程序行，也不可以更改程序结构。

```
#include <stdio. h>
long fun( int n)
{   int i;
    long int s=0;
    for(i=1;i<n;i++)
    if(i%3==0)
        s+=i;
    return s;
```

```
    }
    void main( )
    {
        int n;
        long int    result;
        printf("Enter n: ");
/ * * * * * * * * * FOUND * * * * * * * * * /
        scanf("%d",n);
/ * * * * * * * * * FOUND * * * * * * * * * /
        result=fun( );
        printf("Result=%ld\n",result);
    }
```

3. 程序设计。设计一个程序求 1 到 100 之间的偶数之积。程序的框架如下,请将其补充完整。

```
#include <stdio.h>

double   fun(int m)
{
/ * * * * * * * * * Program * * * * * * * * * /




(请补充此处的代码)




/ * * * * * * * * *   End   * * * * * * * * * /
}

void main( )
{
        printf("ji=%f\n",fun(100));
```

[*]第 20 章

C 语言与 HTML 及 JS 的融合学习

随着计算机的发展，其内涵不断丰富，学生对新知识和新技术也如饥似渴，我们在教学中初步探索出一种融合学习方法，即在 C 语言教学中融入网络脚本语言 HTML（hypertext markup language）及 JavaScript（JS）的学习，既不需要单独开设上述课程，又可以丰富完善学生的知识结构。

20.1 融合学习

在 C 语言教学过程中引入脚本语言，引导学生进行融合学习、迁移学习和自主学习，可以调动学生学习积极性、培养学生学习能力，其融合学习可行性研究的模型如图 20.1 所示。

微视频 20.1：
C 语言与 HTML
及 JS 的融合学习

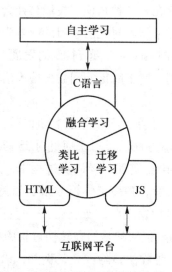

图 20.1 融合学习可行性研究模型

20.1.1 C 语言与网络脚本语言的融合

语言是人类在交流中产生的符号的集合，作为交流的工具，具有多种功能，既是记录、传播思想的工具，也是思考、教育的工具。计算机语言则是对计算机下达的计算机指令序列，学习计算机语言是深入学习计算机科学的必经之路。计算机语言分为机器语言、汇编语言、高级语言 3 类，学习计算机入门语言一般选择高级语言，而用高级语言所编写的程序并不能被计算机直接识别，需要处理转化为机器语言程序才能被执行，因此语言的处理在学习中便成为难点。

网络时代，学生接触和使用最多的就是网络，上网离不开浏览器，所以自然就容易用到网络脚本语言。根据类比学习的原理，把 C 语言与网络脚本语言结合起来学习，可以实现从单机到网络、从基础到应用等的过渡。HTML 是一种用来描述网页的语言，是一种标记语言，而不是一种编程语言，标记语言是一套标记标签，HTML 使用标记标签来描述网页。浏览器的发展和网络的发展联系在一起，它们共同推动互联网的发展应用，浏览器成为网络资源共享、获取的重要工具，对静态网页的处理是基本功能。

从类比学习角度看，浏览器对 HTML 的解释处理过程与高级语言的编译、解释功能类似。通过融合学习，一是可以加深对语言处理含义的理解，更深入理解计算机语言的符号化设计、形式化等问题。二是可以学习新知识，加深对浏览器、HTML、JS 的思考，激发求知欲望。

20.1.2　从 C 语言到 JS 的迁移学习

教育心理学研究的学习迁移是特指前一种学习对后一种学习的影响或者后一种学习对前一种学习的影响。迁移广泛存在于各种知识、技能与社会规范的学习中。先前学习对后来学习的影响称为顺向迁移；后来学习对先前学习的影响为逆向迁移。

JS 经历了从 C-minus 到 ECMAscript 最终到 JS 的发展，借鉴了 C 语言的基本语法和 Java 语言的数据类型和内存管理，属于简化的函数式编程语言，在客户端通过浏览器来解释执行代码。

可见学习了 C 语言的数据、计算、函数等基本知识后，再学习 JS 就非常简单了，可用 JS 代码来解决 C 语言的经典程序题。反过来通过对 JS 语言的学习，又起到语法练习的作用，同时在对比 C 语言和 JS 语言实现的异同点过程中，进一步巩固了程序设计语言基本语法，加深了对所学知识的理解，提高了学习效果。如关于数据类型，C 语言中有 int、char、float 等，而 JS 可处理多种数据类型，所以在 JS 中我们只需要关注数值和字符串值，通过 var 关键词来声明变量，需要提醒的是当在转换过程中遇到 C 语言中的数据类型时要特别注意细节。C 语言中常用一种除法整除取整，例如，语句 "int a = 5/2;" 的运行结果就是 2，而在 JS 中运行结果会默认变成 2.5，若要在 JS 中完成 C 语言中的整除功能，则要把语句改为 "a=parseInt(5/2)"。

20.1.3　架起通向互联网的梯子

建构主义学习理论强调教师的主导作用，其中主要的观点是学习支架观点，它是指通过支架（教师的帮助）把管理学习的任务逐渐由教师转移给学生自己，最后撤去支架。例如，老师在教授 JS 时，不必在课堂上过分讲授细节，而应该通过问题驱动、项目驱动，培养学生借助互联网平台进行自主学习的能力。

教学的根本目的在于培养学生自主学习、解决问题的能力。通过课堂上对 HTML 的基础知识的引导和讲解，对 C 语言与 JS 特点的对比，可以使学生主动学习的积极性被调动起来，真正实现自主学习。

20.2 融合学习的教学实践

为了培养具有核心竞争力的应用型软件人才，在融合学习过程中，我们利用网络资源，采用混合式教学全融合模式，通过创新教学方法，激发学生的自主学习能力，培养具有自主学习能力、工程实践能力、创新创业意识和团队协作能力的应用型人才。

C 语言教学中融合学习的实践模型如图 20.2 所示。

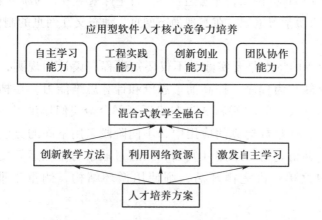

图 20.2 C 语言教学中融合学习的实践模型

20.2.1 科学制定人才培养方案

计算机语言是学习计算机原理、培养计算思维的重要课程，程序设计语言课程与其他相关课程相互融合，贯穿于计算机人才培养全过程，从计算机的概念发展变迁的角度看，人才培养方案也应包含不同类型的程序设计语言课程。开设 C 语言课程，主要侧重于讲授面向过程的程序设计；开设 Java 语言课程，主要侧重于讲授面向对象的程序设计；开设 Web 编程语言课程，主要侧重于讲授服务器端程序设计；开设 Python 语言课程，则主要侧重于讲授数据处理及机器学习；这些语言重点各异，充分体现了系统融合思想。

20.2.2 创新程序设计教学方法

教学内容的融合促进了教学方法的创新，在 C 语言教学中引入了 JS，用浏览器作为调试工具，通过对浏览器的工作原理与计算机语言处理程序的对比，让学生更深入系统地掌握相关知识。

上述方法可以让学生在学习过程化语言的同时，也学习面向对象的事件驱动的交互机制，这使得调试工作直观、方便。在有了直观的交互操作的基础上，在课堂上进行方格类小游戏的设计将更加方便，在算法的优化方面，也可以通过直观的交互来验证，进一步增强了学生的编程驱动力。

20.2.3　利用互联网平台教学资源

当前，我们进入了一个互联网发达时代，每一位用户既是建设者，也是共享者，互联网的发展也催生了"互联网+"思维，丰富了科学研究中理论范式、实验范式、计算范式、数据范式的内容与模式，在学习模式上开启了广阔的探索空间。在开展 C 语言与 JS 融合学习时，JS 的相关知识在网络上有着丰富的资源，同时有一些网站还可以让学生自主开展在线实验，如 w3school 网站，非常适合学生自主探索学习。为激发学生学习兴趣，我们要求学生制作网页版学习笔记，在实现静态网页、动态交互网页的制作中，学习 HTML 与 JS 的相关技术。

程序设计类课程的特点是要实践，不仅要知道程序设计的规则，更重要的是动手去做，把实际问题转化为程序，提高抽象思维和计算思维能力，在枯燥的学习中发现程序设计之美。浙江大学的"拼题 A"在线评测平台给我们提供了一个科学有趣的教学实战平台，例如，在整数运算的应用中，不同阶段采用不同的方法对同类题目进行求解，在未学习判断语句时，不用 if 判断，只通过取余与整除运算便能求解，以此呈现计算思维与简单之美；讲完循环后，则使用循环结构，侧重于抽象能力的训练，等等。

20.2.4　问题驱动激发自主学习的内驱力

在教学内容中引入小游戏，可分解为 3 个阶段，由此实现问题驱动、逐步深入。学期初，从静态网页制作入手，让学生探索 HTML 的使用方法与浏览器的工作原理；学期中，引入鼠标事件处理，使学生对交互、输入输出有一个系统的理解；集中实践作业中，借助井字棋类小游戏，引入 JS 的相关内容。

在学习扫雷游戏中，可以看到翻开空白方格的函数被设计为递归函数，这既让学生较好地理解了递归函数的应用，又体现了软件代码的简单之美；用数组作为数据的主要组织形式，如游戏中棋子规律性的动作，是通过用数组来设计不同方向的试探、移动而实现的，既体现数据驱动思维，又体现了大道至简；在学生实现从井字棋到五子棋的小游戏制作中，通过程序实现从人机交互到机器与机器相互竞赛，不断提升编程技能，也领会了中华优秀传统文化的魅力，让学生思考人工智能的发展方向，激发学生自主学习、奋发进取的内驱力。

20.2.5 混合式教学全融合

教学过程中，我们积极开展混合式教学。我国高等教育慕课建设走在了世界前列，慕课建设是推进教育公平的重要行动，也是打造"金课"，实施一流课程"双万计划"的重要内容。我们紧跟时代变化，积极利用新一代信息技术，做好与教育教学深度融合，开展课程内容、教学模式与教学方法改革，打造线上线下混合式"金课"。

线上方面，一方面使用超星尔雅教学平台建设自己的教学资源，另一方面推介国内优秀的 MOOC 课程，如浙江大学翁恺老师开设的"程序设计入门——C 语言"、哈尔滨工业大学苏小红老师开设的"程序设计基础"等。线下方面，为使课堂教学内容与时俱进，在软件概述中引入鸿蒙系统作为案例，简单介绍该系统分部架构、天生流畅、内核安全、生态共享四大特点；结合区块链技术，把哈希技术的实现雏形在教学中体现；通过引入前沿新技术话题与热点，引发学生讨论，增加教学内容的深度与广度，实现了从教材到现实世界的扩展。教学过程中以学生为中心，教师起导师的作用——指导、组织、引导学生学习，调动学生的积极性、主动性，从而激发他们的潜能。专业教学中与课程思政相融合，课堂教学五育并举，把立德树人贯穿教学全过程，例如，网络语言中称程序员为"码农"，可引导学生这样理解：我们就要像农民一样辛勤劳动，通过大量阅读和编写代码，才能实现编程能力的提升和编程素养的养成。

20.3 数字华容道

数字华容道是指用尽量少的步数，尽量短的时间，将棋盘上的数字方块，按照从左到右、从上到下的顺序重新排列整齐。

微视频 20.2：
数字华容道

20.3.1 C 语言版程序

根据题意，定义一个数组存储数字 0~8，0 表示空白；为了强化数组下标表达式的应用，将数组定义为一维数组，根据递增式开发思想，先写出主程序如下：

```c
#include<stdlib.h>
int h[9]={1,2,3,4,5,6,7,8,0};
int main()
{

    return 0;

}
```

在移动过程中要不断显示棋盘状态，所以第一个函数的功能是：显示棋盘上的数字为 3 行 3 列。

```c
int fresh()
{//显示当前状态
    int i,j;
    for(i=0;i<3;i++)
    {
        for(j=0;j<3;j++)
            printf("%2d",h[i*3+j]);
        printf("\n");
    }
    return 1;
}
```

编写完显示函数后，主函数调用它即可，通过此功能也可以方便地观察程序的运行状态。

下面设计移动数字的函数，在函数中输入要移动的数字，为了保证输入合法，我们用循环实现，并判断其是否能被移动，若能返回 1，并在交换后刷新棋盘，否则返回 0。

```c
int move()
{
    int n;
    printf("输入要移动的数字:");
    do
    {
        scanf("%d",&n);
    }while(moveok(n)==0);
    fresh();
}
```

判断输入的数字是否能移动，就要判断该数字是否在 0 的上下左右的位置，能移动则返回 1，否则返回 0。

```c
int moveok(int n)
{
    先计算 0 的行列位置;
    判断数字是否在 0 的上下左右的位置;
}
```

为方便求 0 的上下左右的位置，需要设置下面的数组，存储上下左右的行列差，并编制函数。

```
int di4[4][2]={{-1,0},{1,0},{0,-1},{0,1}};//上下左右
int moveok(int n)
{
    int i,r,c,r1,c1,ok=0;
    for (i=0;i<9;i++)
        if(h[i]==0) break;
    r=i/3;c=i%3;

    for(i=0;i<4;i++)
    {
        r1=r+di4[i][0];
        c1=c+di4[i][1];
        if(r1>=0&&r1<3&&c1>=0&&c1<3&&(n==h[r1*3+c1]))
        {
            ok=1;
            h[r*3+c]=n;
            h[r1*3+c1]=0;
        }

    }
    return ok;
}
```

至此，主函数中就可以调用函数 move( )了，输入要移动的数字，实现交换移动，主
程序如下：

```
#include<stdlib.h>
int h[9]={1,2,3,4,5,6,7,8,0};
int di4[4][2]={{-1,0},{1,0},{0,-1},{0,1}};//上下左右
int main( )
{
    fresh( );
    move( );
    return 0;
}
```

如图 20.3 是一次运行的结果。
在主程序内要实现多次移动，只需增加如下所示的一个循环即可：

图 20.3   运行结果

```
do
{
  move( );
} while(1);
```

若在用户玩这个游戏之前，要先让计算机玩多次，则需要设计一个随机移动函数，因此 C 语言版的数字华容道完整程序如下：

```
#include<stdlib. h>
#include<time. h>
int h[9] = {1,2,3,4,5,6,7,8,0};
int di4[4][2] = {{-1,0},{1,0},{0,-1},{0,1}};//上下左右
int main( )
{
    int i;
    for(i=0;i<5;i++)randn( );
    fresh( );
    do
    {
        move( );
    } while(1);
    return 0;
}
int randn( )
{
    int i,r,c,r1,c1,ok=0;
    srand((unsigned)time(0));
    for (i=0;i<9;i++)
```

```
            if(h[i]==0) break;
        r=i/3;c=i%3;
        do
        {
            i=rand()%4;
            r1=r+di4[i][0];
            c1=c+di4[i][1];
            if(r1>=0&&r1<3&&c1>=0&&c1<3)
            {
                ok=1;
                h[r*3+c]=h[r1*3+c1];
                h[r1*3+c1]=0;
            }
        } while(ok==0);
        return 1;
}
int moveok(int n)
{
        int i,r,c,r1,c1,ok=0;
        for (i=0;i<9;i++)
            if(h[i]==0) break;
        r=i/3;c=i%3;
        for(i=0;i<4;i++)
        {
            r1=r+di4[i][0];
            c1=c+di4[i][1];
            if(r1>=0&&r1<3&&c1>=0&&c1<3&&(n==h[r1*3+c1]))
            {
                ok=1;
                h[r*3+c]=n;
                h[r1*3+c1]=0;
            }
        }
        return ok;
}
int move()
```

```
{
    int n;
    printf("输入要移动的数字:");
    do
    {
        scanf("%d",&n);
    } while(moveok(n)==0);
    fresh();
}

int fresh()
{//显示当前状态
    int i,j;
    for(i=0;i<3;i++)
    {
        for(j=0;j<3;j++)
            printf("%2d",h[i*3+j]);
        printf("\n");
    }
    return 1;
}
```

20.3.2　HTML+JS 版程序

了解了 C 语言版程序的设计过程，设计 JS 版程序就很容易了。

先用记事本建立一个框架文件 hd0. html 并保存，保存格式为 UTF-8，然后用浏览器打开该文件运行即可。代码如下：

```
<html>
<title>数字华容道</title>
<scripttype="text/javascript">
</script>
<body>
</body>
</html>
```

在页面中设计一个按钮用作开始，实现背景及数字的显示。为了显示背景，要使用 HTML 的 canvas 控件，并设计一个背景文件 jing. jpg，如图 20.4 所示，把图像、画布、按钮 3 种元素加入网页主体。

```
<img id="scream" width="0" height="0" src="jing.jpg">
<canvas id="canvas" width="120" height="120" onmousedown="show_coords
(event)" style="border:1px solid #d3d3d3;">抱歉,您的浏览器不支持 canvas 元素
</canvas>
<p><input type="button" value="开始" onClick="init()">
```

图 20.4　背景文件 jing.jpg

设计显示背景及数字的网页 hd1.html 代码如下:

```
<html>
<title>数字华容道</title>
<script type="text/javascript">
var h=[1,2,3,4,5,6,7,8,0];
function show_coords(event)
{

}
function init()
{

   var canvas = document.getElementById("canvas");
   var ctx = canvas.getContext("2d");
   var img = document.getElementById("scream");
   ctx.drawImage(img,0,0);
 fresh();
}
function fresh()
{

   var canvas = document.getElementById("canvas");
   var context = canvas.getContext("2d");
   context.fillStyle = "red";          // 填充颜色为红色
```

```
        context. strokeStyle = "blue";          // 画笔的颜色
        context. lineWidth = 5;                  // 指定描边线的宽度
        context. save( );
        context. beginPath( );
        //写字
          context. font = "30px orbitron";
        for( i = 0;i<3;i++)
          for( j = 0;j<3;j++)
            context. fillText( h[ i * 3+j], j * 40+10,i * 40+30);
        context. restore( );
        context. closePath( );
    }
</script>
<body >
<img id = "scream" width = "0" height = "0"    src = "jing. jpg" >
<canvas id = "canvas" width = "120" height = "120" onmousedown = "show_coords( event)"
style = "border:1px solid #d3d3d3;">抱歉，您的浏览器不支持 canvas 元素</canvas>
<p><input type = "button" value = "开始" onClick = "init( )">
</script>
</body>
</html>
```

设计鼠标事件，实现要选择移动的数字，根据鼠标事件传入的参数，确定选择的数字，并进行交换。代码如下：

```
function show_coords( event)
{
    vari,x1,x,y,y1;
    x = parseInt( ( event. clientX−14)/40)
    y = parseInt( ( event. clientY−8)/40)
    //与 0 为邻可换
    //alert( h[ x+y * 3]);
    for( i = 0;i<4;i++)
    {
        x1 = x+di4[ i][ 0];
        y1 = y+di4[ i][ 1];
        if( x1>= 0&&x1<= 2&&y1>= 0&&y1<= 2&&h[ x1+3 * y1] == 0)
```

```
            {h[x1+3*y1]=h[x+3*y];h[x+3*y]=0;}
        }
    init();
}
```

开始前，程序应随机打乱棋面，函数如下：

```
function rand()
{
    var i,x1,x,y,y1;
    for(i=0;i<9;i++)
     if(h[i]==0)
        {y=parseInt(i/3);x=i-y*3};
    i=parseInt(Math. random()*4);
    x1=x+di4[i][0];
    y1=y+di4[i][1];
    while(x1<0||x1>2||y1<0||y1>2)
    {
    i=parseInt(Math. random()*4);
    x1=x+di4[i][0];
    y1=y+di4[i][1];
    }
    if(h[x1+3*y1]>0)
        {h[x+3*y]=h[x1+3*y1];h[x1+3*y1]=0;}
}
```

完整的代码如下：

```
<html>
<title>数字华容道</title>
<script type="text/javascript">
var h=[1,2,3,4,5,6,7,8,0];
var di4=[[0,-1],[0,1],[-1,0],[1,0]]
//上、下、左、右4个方向相邻位置坐标(x,y)的偏移量
function rand()
{
    var i,x1,x,y,y1;
    for(i=0;i<9;i++)
```

```
    if( h[i]==0)
        {y=parseInt(i/3);x=i-y*3};
    i=parseInt(Math.random( )*4);
    x1=x+di4[i][0];
    y1=y+di4[i][1];
    while(x1<0‖x1>2‖y1<0‖y1>2)
    {
    i=parseInt(Math.random( )*4);
    x1=x+di4[i][0];
    y1=y+di4[i][1];
    }
    if(h[x1+3*y1]>0)
      {h[x+3*y]=h[x1+3*y1];h[x1+3*y1]=0;}
}
function show_coords(event)
{
    var i,x1,x,y,y1;
    x=parseInt((event.clientX-14)/40)
    y=parseInt((event.clientY-8)/40)
    //与 0 为邻可换
    //alert(h[x+y*3]);
    for(i=0;i<4;i++)
      {
        x1=x+di4[i][0];
        y1=y+di4[i][1];
        if(x1>=0&&x1<=2&&y1>=0&&y1<=2&&h[x1+3*y1]==0)
          {h[x1+3*y1]=h[x+3*y];h[x+3*y]=0;}
      }
    init( );
}
function init( )
{//显示背景
    var canvas = document.getElementById("canvas");
    var ctx = canvas.getContext("2d");
    var img = document.getElementById("scream");
    ctx.drawImage(img,0,0);
```

```
        fresh();
    }
    function fresh()
    {//显示数字
        var canvas = document.getElementById("canvas");
        var context = canvas.getContext("2d");
        context.fillStyle = "red";          // 填充颜色为红色
        context.strokeStyle = "blue";       //画笔的颜色
        context.lineWidth = 5;              //指定描边线的宽度
        context.save();
        context.beginPath();
        // 写字
            context.font = "30px orbitron";
        for(i=0;i<3;i++)
          for(j=0;j<3;j++)
            context.fillText(h[i*3+j], j*40+10,i*40+30);
        context.restore();
        context.closePath();
    }
    function begin()
    {
      for(j=0;j<10;j++) rand();
      init();
    }
</script>
<body>
<img id="scream" width="0" height="0" src="jing.jpg">
<canvas id="canvas" width="120" height="120" onmousedown="show_coords
(event)" style="border:1px solid #d3d3d3;">抱歉，您的浏览器不支持 canvas 元素
</canvas>
<p><input type="button" value="开始" onClick="begin()">
</body>
</html>
```

程序运行结果如图 20.5 所示。

图 20.5 运行结果

习题和实验

设计按钮式数字华容道，通过使用 JS 的按钮控件来实现位置的输入，并在按钮事件中处理相关逻辑。

附录

附录1 部分习题和实验的答案及提示

第1章

一、习题

3.（1）B （2）C （3）D （4）A （5）B （6）A

二、实验

源代码	正确代码及调试过程记录

mian( )
  | /*在程序中适当注释
    Printf("同学们辛苦啦! \");
  }
	① 错误提示"unresolved external symbol_main"表示程序中没有 main( )，可能是 main( )拼错或没有 main( )。
	② 错误提示"unknown character '0xa3'"表示程序中有中文符号，程序中的括号等只能是英文字符。汉字符号只能出现字符串中。
	③ 注释符号要成对出现，否则后面的代码无效。
	④ 错误提示"unresolved external symbol_Printf"表示单词不能拼错，首字母不要大写。
	⑤ 错误提示"newline in constant"表示换行符少了 n，正确表示应是"\n"。
	⑥ 正确代码如下：
	#include<stdio. h>
	main( )
	|/*在程序中适当注释*/
	    printf("同学们辛苦啦! \n");
	&#125;

第2章

一、习题

5.（1）B （2）C （3）C

第3章

一、习题

1.【解题提示】在程序中引用数学函数时要注意，一定要用下述语句包含函数的头文件：

#include<math. h>

若不包含，直接使用下述语句，可能发生以下语句错误：

printf("%f", cos(61/180 * 3.14159));

这个错误的原因是"整数/整数"的值只能为整数，所以 61/180=0，应该写成 61.0/180。

2. 本程序不能通过编译，对语句"c=i++---j;"编译时会出现错误提示"error C2105：'--' needs l-value"，可以将语句更改为"c=i+++--j;"。

更改后在 VC 环境下的程序运行结果为：9，19，12，7，6。

这个程序中，对 a=(i++)+(i++)+(i++)应理解为：先取 i 的值为 3 进行运算，故 a 的值为 9。表达式运算后，i 进行 3 次自增运算，相当于加 3，故 i 的最后值为 6。而对于 b=(++j)+(++j)+(++j)应理解为：一个表达式中有 3 个以上（++j）时，表达式先进行前两个运算，即进行两次自增运算，j 的值变为 6，和为 12，与第 3 个（++j）运算时，j 变为 7，与前面的和相加，和为 19，此时 j=7。

C 的值是 12，j 的最后值为 6，i 的最后值为 7。

3. (1) D　　(2) D　　(3) C　　(4) C　　(5) D　　(6) B　　(7) C
　 (8) B　　(9) A　　(10) A

第 4 章

一、习题

1. 【解题提示】由于要调用数学函数库中的函数，所以必须用#include 将数学函数库的头文件 math. h 包含进程序。

求平方根的函数是 sqrt( )。

编程时要注意正确表述表达式，例如：

X1=(-b+sqrt(b*b-4*a*c))/(2*a)

X2=(-b-sqrt(b*b-4*a*c))/(2*a)

3. m=123，n=456，p=789

4. 666

5. 2008

6. 1234

7. a=%d,b=%d

8. (1) C　　(2) C　　(3) B　　(4) C　　(5) D　　(6) D　　(7) C

第 5 章

一、习题

1. ① a>3&&a<5

注意：不能写成"3<a<5"，表达式"a>3&&a<5"与"3<a<5"不等价，例如，当 a=6 时，前者的值为 0，而后者的值为 1。

② !(a>0&&(int)a==a)

③ a>0&&a%2==1 或 a>0&&a%2 或 a>0&&a%2!=0

3.【解题提示】求某一天是该年第几天，只需求出前面几个月天数的和再加上本月已经过去的日期即可。利用 switch 语句中 case 后语句没有 break 语句时，可以执行后面的序列这一特性，可得到下述的程序：

```
main( )
{
    int i, year, month, day, days;
    printf("输入年　月　日:\n");
    scanf("%d%d%d", &year, &month, &day);
    days=day;
    switch(month-1)
    {
        case 11:　days+=30;
        case 10:　days+=31;
        case 9:　days+=30;
        case 8:　days+=31;
        case 7:　days+=31;
        case 6:　days+=30;
        case 5:　days+=31;
        case 4:　days+=30;
        case 3:　days+=31;
        case 2:
            if(year%4==0&&year%100!=0||year%400==0)
                days+=29;
            else
                days+=28;
        case 1:
            days+=31;
    }
    printf("%d 年%d 月%d 日是第%d 天", year, month, day, days);
}
```

4. (1) 2 3 3　　(2) 2　　(3) 1, 0　　(4) 3　　(5) 4　　(6) 1

第 6 章

一、习题

1. 下述程序用来输出 1!、2!、3!、……、20! 的值。

```
main( )
    {
        int i, s=1;;
        for(i=1; i<=20; i++)
        {
            s=s*i;
            printf("%d!=%d\n", i, s);
        }
    }
```

可以分别在 TC 环境和 VC 环境下验证上述程序：在 TC 环境下，i=8 时结果才出错；如果定义 i 为 long 型整数（此时应该用"printf("%ld", s);"语句输出），则在 i=17 时结果才出错。

在 VC 环境下，i=17 时结果出错。

4. 任意负奇数。

5. （1）7　　　（2）4　　　（3）011122　　　（4）16　　　（5）1 −2
　　（6）0918273645　　1827364554

6.
```
main( )
    {
        long s, t, s1=10;
        printf("\nPlease enter s: ");
        scanf("%ld", &s);
        t=s%10;
        while(s>0)
        {
            s=s/100;
            t=s%10*s1+t;
            s1=s1*10;
        }
        printf("The result is: %ld\n ", t);
    }
```

或

```
main( )
    {
        long s, t, s1 = 1;
        printf(" \nPlease enter s: ");
        scanf("%ld", &s);
        t = 0;
        while(s>0)
            {
                t = s%10 * s1+t;
                s1 = s1 * 10;
                s = s/100;
            }
        printf("The result is: %ld\n ",t);
    }
```

注意观察上述两个程序中，当初始化的方法不同时循环体内容也不相同。其中 s1 表示权重。

第 7 章

一、习题

```
1. main( )
    {
        int i, j, n, s;
        for(i = 1; i<20000; i++)
        {
            n = i;    s = 0;
            while(n>0)
                {
                    j = n%10;
                    s = s+j * j * j;
                    n = n/10;
                }
            if(i==s)    printf("%d\n", i);
        }
    }
2. #include "stdio. h"
```

```
main( )
    {
        int i, j, s;
        for(i=1; i<1000; i++)
            {
                s=0;
                for(j=1; j<=i/2; j++)
                    if(i%j==0)
                        s=s+j;
                if (s==i)
                    {  printf("%d=1",i);
                       j=2;
                       while(j<=i/2)
                         {  if(i%j==0)    printf("%+d", j);
                            j++;
                         }
                       printf("\n");
                    }
            }
    }
```

本程序在输出结果时，需要重新试除一遍。是否可以在第 1 次试除时记下结果呢？这个思路很好，但是现在还没办法实现，学习了数组以后，就可以用数组来记忆第 1 次试除的结果了。

```
3. #include <math. h>
   main( )
       {
           int i, j, n, yes;
           for(i=100; i<=200; i++)
               {
                   n=i;
                   for(j=2; j<=sqrt(n); j++)
                       if (n%j==0)    break;
                   if (j>sqrt(n))      printf("%4d", n);
               }
       }
```

4. ① t * 10   ② >0   ③ I   ④ i<10   ⑤ i%3!=0

5.【解题提示】百位、十位、个位的数字可以是 1~4。通过三重循环组成可以重复地
排列，然后再去掉不满足条件的排列。

```
main( )
{
    int i, j, k;
    printf( " \n" );
    for(i=1; i<5; i++)                          /*以下为三重循环*/
      for(j=1; j<5; j++)
        for ( k=1; k<5; k++)
            {  if (i!=k&&i!=j&&j!=k)          /*确保 i、j、k 三位互不相同*/
               printf( "%d,%d,%d\n", i, j, k);
            }
}
```

第 8 章

一、习题

```
1. int days( int year, int month)
    {  int days;
       switch( month)
         {
              case 1:
              case 3:
              case 5:
              case 7:
              case 8:
              case 10:
              case 12:
                  days=31;
                  break;
              case 2:
                  if(( (year%4==0&&year%100!=0) ‖year%400==0)
                    days=29;
                else
                    days=28;
                  break;
```

```
                default:
                    days=30;
                    break;
            }
            return(days);
    }
    main()
    {
            int y, m, d, i;
            printf("Please input year month day:");
            scanf("%d%d%d", &y, &m, &d);
            for (i=1; i<m; i++)    d=d+days(y,i);
            printf("today is %d\n", d);
    }
```

2.
```
    #include <stdio.h>
    main()
    {
            void prt(void);
            prt();
    }
    void prt(void)
    {
            char ch;
            ch=getchar();
            if (ch!=' ')
                {   prt();
                    printf("%c", ch);
                }
    }
```

4.
```
    inttok(int n, int k)
    {
            if (n>0)
            {   inttok(n/k, k);
                if(n%k>9)    printf("%c", 'A'+n%k-10);
                else    printf("%d", n%k);
```

```
            }
        }
    main( )
        {
            int n, k;
            scanf("%d%d", &n, &k);
            inttok(n, k);
        }
```

本题通过数制转换原理（求余数及整除）来完成要求。本题使用递归方法解题，如果使用循环程序，可以用数组记录中间的求余结果，也可以在最后输出正确结果。见下述程序段：

```
inttok(int n, int k)
{   int i=0, a[20];
    while (n>0)
    {   a[i++]=n%k;
        n=n/k;
    }
    while(i>0)
    {   if(a[i-1]>9)   printf("%c", 'A'+a[i-1]-10);
        else    printf("%d", a[i-1]);
        i--;
    }
}
```

由上述两个程序可知，从一定意义上说，用循环能解决的问题也可以用递归解决，反之亦然。实际上在循环过程中要保存的信息在递归过程也同样会得到保存，只不过是由系统对所要保存的信息进行管理而已。

第 9 章

一、习题

1. 程序运行结果为：0　10　1　11　2　12
2. 4
3. 其中 i2=(4+4*4+4)/(2+2*2+2)，输出结果为：4，3
4. 程序运行结果为：8，17
5. 程序运行结果为：8

第 10 章

一、习题

1. 字符串只能用来给一维字符数组赋初值。除"int a[6] = "123456";"不合法外，其余都合法。

2. 通过两层循环满足排序要求，外层循环为：

```
for(i=1; i<10; i++)
    { 第 i 遍排序; }
```

完整程序如下：

```
main()
{   int a[10], i, j, x;
    printf("please input datas:");
    for (i=0; i<10; i++)    scanf("%d", &a[i]);
    for (i=1; i<10; i++)
        { j=i-1;
          while(a[j]>a[j+1]&&j>=0)
            {
                x=a[j+1];
                a[j+1]=a[j];
                a[j]=x;
                j--;
            }
        }
    for (i=0; i<10; i++)    printf("%d", a[i]);
}
```

可以进一步改进本程序，暂存 a[i] 于 x，先找到插入位置，将比 a[i] 大的元素都直接后移，最后再插入。改进后的程序如下：

```
main()
{   int a[10], i, j, x;
    printf("please input datas:");
    for (i=0; i<10; i++)    scanf("%d", &a[i]);
    for (i=1; i<10; i++)
        { j=i-1;    x=a[j+1];
          while(a[j]>x && j>=0)
            {   a[j+1]=a[j];
```

```
            j--;
        }
        a[j+1]=x;
    }
    for(i=0; i<10; i++)    printf("%d", a[i]);
}
```

3.
```
main()
{
    static int a[10], i;
    char ch;
    printf("input string space end:");
    do
    {
        scanf("%c", &ch);
        if(ch>='0'&&ch<='9')    a[ch-'0']+=1;
    } while(ch!=' ');
    for(i=0; i<10; i++)    printf("%c 的个数:%d\n", '0'+i, a[i]);
}
```

4. (1) 24　　(2) 21　　(3) 10010　　(4) 1 2 0　3 3 0

第 11 章

一、习题

1. 本程序可以使用二维数组或一维数组编制, 使用二维数组编制的程序如下:

```
#define N 5
#include "stdio. h"
main()
{
    int i, j;    int x[N][N];
    for(i=0; i<N; i++)
        for(j=0; j<=i; j++)
            if(j==0||i==j)    x[i][j]=1;
            else        x[i][j]=x[i-1][j]+x[i-1][j-1];
    for(i=0; i<N; i++)
    {   for(j=0; j<=i; j++)
            printf("%d ", x[i][j]);
        printf("\n");
```

```
        }
    }
```

使用一维数组编制的程序如下:

```
#define N 5
#include "stdio.h"
main()
{
    int i,j;    int x[N];
    for(i=0; i<N; i++)
        { for(j=i; j>=0; j--)
            if(j==0||i==j)    x[j]=1;
            else    x[j]=x[j]+x[j-1];
          for(j=0; j<=i; j++)    printf("%d ", x[j]);
          printf("\n");
        }
}
```

2.
```
#define n 3
float fun(float a[][n])
{
    int i;
    float s=0;
    for(i=0; i<n; i++)        s=s+a[0][i]+a[n-1][i];
    for(i=1; i<n-1; i++)    s=s+a[i][0]+a[i][n-1];
    return    s/(4*n-4);
}
```

可以使用以下主函数调用 fun() 函数。

```
main()
{
    float x[n][n]={1, 2, 3, 4, 5, 6, 7, 8, 9};
    printf("%f\n", fun(x));
}
```

也可以按下述形式编写 fun() 函数。

```
float fun(float a[][n])
{
    int i, j;
    float s=0;
```

```
        for(i=0; i<n; i++)
            for(j=0;j<n;j++)
                if(i==0||j==0||i==n-1||j==n-1)    s=s+a[i][j];
        return s/(4*n-4);
}
```

3. ```
   long htoi(char a[])
   {
       long int i=0, s=0;
       while(a[i])
       {
           if (a[i]>='0'&&a[i]<='9')      s=s*16+a[i]-'0';
           if (a[i]>='A'&&a[i]<='F')      s=s*16+a[i]-'A'+10;
           i++;
       }
       return s;
   }
   main()
   {
       char a[6];
       gets(a);
       printf("%d\n", htoi(a));
   }
   ```

4. ```
   #define N 5
   int fun (int a[][N])
   {
       int i, j;
       for(i=0; i<N; i++)
           for(j=i; j<N; j++)
               a[i][j]=0;           /*将数组右上半三角元素中的值全部置成0*/
   }
   main()
   {
       int a[N][N], i, j;
       printf(" *****The array*****\n");
       for(i=0; i<N; i++)           /*产生一个随机的5×5矩阵*/
           { for(j=0; j<N; j++)
   ```

```
          {   a[i][j]=rand()%10;
              printf("%4d", a[i][j]);
          }
      printf("\n");
   }
fun(a);
printf("THE RESULT\n");
for(i=0; i<N; i++)
   {  for(j=0; j<N; j++)
          printf("%4d", a[i][j]);
      printf("\n");
   }
}
```

5. (1) 7　2　　　 (2) 16　　　 (3) 92（在 while 循环内只有当 i=1 或 i=3 时才累加）

(4) 75310246　　（使用冒泡法排序，前半部分是逆序，后半部分是正序）

(5) 1　2　3　4
　　　6　7　8
　　　　13　14
　　　　　18

(6) 7654321

(7) 6

此题中，sum()函数的形参 b[]需要主函数传给它一个地址值，这种传递参数的方式称为传址，使用传址方式传递参数会导致在 sum()函数中的操作直接影响主函数中的变量。本题用 &a[2]作参数，不是把整个数组传给函数，函数中的 b[-1]、b[0]、b[1]分别对应主函数中的 a[1]、a[2]、a[3]。实际是对主函数中的 a[1]、a[2]、a[3]操作，使得 a[2]=a[1]+a[3]，在子函数中 b[-1]虽然越界，但正好是主函数中的 a[1]。

第 12 章

一、习题

1. 对于静态数组，如果没有初始化则初值默认为 0。

"static int col[N];"语句中定义的 col[N]数组元素用来记录 1 到 N 列皇后所在的行号，即函数 try1 中 i 的值，当其值为 0 时表示该列未放置皇后。

"static int x1[2*N];"语句中定义的 x1[2*N]数组元素用来记录从左上往右下方向与主对角线平行的斜线，这样的每条斜线上各个格子行坐标和列坐标的差是一个定值，即每个固定的 i-j 的值对应唯一的一条斜线，存储时用 i-j+N 作为数组下标，当 x1[i-j+N]的值为 0 时，表示该对角线上未放置皇后。

"static int x2[2 * N];"语句中定义的 x2[2 * N]数组元素用来记录从右上往左下方向与副对角线平行的斜线，这样的每条斜线上各个格子行坐标和列坐标的和是一个定值，即每个固定的 i+j 的值对应唯一的一条斜线，存储时用 i+j 作为数组下标，当 x2[i+j]的值为 0 时，表示该对角线上未放置皇后。

2. 本题中也采用螺旋方阵中的边界检测思路，先定义一个大的二维数组，在周边用数据填充作为障碍，不需要检测边界。在设计前进算法时用递归思路，分别在下、右、上、左 4 个方向试探，进行递归。

```c
#define N 4
int a[N+2][N+2], no=0;
next(int r, int c)
{
    if(r==N&&c==N) {  list();    return 0;}      /* 找到出口 */
    if(a[r+1][c]==0)                             /* 向下可行 */
      {  a[r][c]=1;                              /* 记录踪迹 */
         next(r+1,c);                            /* 递归试探 */
         a[r][c]=0;                              /* 递归返回后，清除踪迹 */
      }
    if(a[r][c+1]==0)                             /* 向右可行 */
      {  a[r][c]=2;
         next(r, c+1);
         a[r][c]=0;
      }
    if(a[r-1][c]==0)                             /* 向上可行 */
      {  a[r][c]=3;
         next(r-1, c);
         a[r][c]=0;
      }
    if(a[r][c-1]==0)                             /* 向左可行 */
      {  a[r][c]=4;
         next(r, c-1);
         a[r][c]=0;
      }
    return 0;
}
list()
  {
```

```c
        int i, j;
        for(i=1; i<N+1; i++)
        {
            for(j=1; j<N+1; j++)
                switch(a[i][j])
                {
                    case 0:   printf("%2c", '#');   break;
                    case 1:   printf("%2c", 25);   break;
                    case 2:   printf("%2c", 26);   break;
                    case 3:   printf("%2c", 24);   break;
                    case 4:   printf("%2c", 27);   break;
                    case 5:   printf("%2c", 15);   break;
                }
            printf("\n");
        }
        printf("----No:%d------\n", no++);
}
main()
{
    int i, j, x;
    for(i=0; i<N+2; i++)
        for(j=0; j<N+2; j++)
            if(i==0||j==0||i==N+1||j==N+1) a[i][j]=9;     /* 四周设为 9, 表示不通 */
            else
            {
                x=rand()%4;
                if(x)   a[i][j]=0;                        /* 0 表示可通 */
                else    a[i][j]=5;                        /* 5 表示障碍 */
            }
    a[1][1]=0;
    a[N][N]=0;
    list();
    next(1, 1);
}
```

3. 函数中数组 ijinc[8][2]的作用：存储坐标为(i, j)的方格周边 8 个相邻的方格行列坐标的调整值。

ijinc[8][2]={-1,-1,-1,0,-1,1,0,-1,0,1,1,-1,1,0,1,1};

例如，坐标为（i,j）的方格的左上方那个方格的行坐标为 i1=i+ijinc[0][0]，列坐标为 j1=j+ijinc[0][1]。

第 13 章

一、习题

1.（1）87780　　（2）8, 16　　（3）8 4　　（4）7 3　　（5）787

第 14 章

一、习题

1.（1）10　　（2）1, 2, 7, 6, 5, 4, 3, 8, 9, 10　　（只对 a[2]…a[6]进行选择排序）

（3）1 2 3 4 5　　（4）6 11

（5）abcdefcdef（开始时 p 指向数组 a 的首地址，数组 a 每行有 10 个元素，p+10 正好指向第 2 行首元素）。

（6）*2*4*6*8*（此题中判断语句的作用为：如果 i 是偶数，就把 p 所指的字符改为 "*"，因此本程序的功能是将下标为偶数的字符改为 "*"，其余不变）

（7）1 123X56789（当形参是指针时，改变形参的位置，实参的位置不变。并不是所有形参为指针时，都是双向传递）

第 15 章

一、习题

1.（1）2041 2044　　（2）y. a=0 y. b=A　　y. a=99 y. b=S

2. typedef struct STU

```
     {  char name[10];
        int num, chinese, math;
        int Score;
     }NST;
     main()
     {  NST s[10], *p[10], *t;
        int i, j;
        for(i=0; i<10; i++)
        {
            scanf("%d%s%d%d", &s[i].num, &s[i].name, &s[i].chinese, &s[i].
   math);
            s[i].Score=s[i].chinese+s[i].math;
```

```
                    p[i]=&s[i];
                }
          for(i=0; i<9; i++)
            for(j=i+1; j<10; j++)
              if(p[i]->Score>p[j]->Score)
                { t=p[i];   p[i]=p[j];   p[j]=t;}
          for(i=0; i<10; i++)
              printf("%5d%10s%7d%5d\n",(*p[i]).num, p[i]->name,(*p[i]).
chinese,
                 (*p[i]).math, p[i]->Score);
     }
```

第 16 章

一、习题

```
1. main()
   {
       link *h, *p, *t, *q;
       char ch;
       h=NULL;   t=NULL;
       scanf("%c", &ch);
       while(ch!=' ')
       {
           p=(link *)malloc(sizeof(link));
           p->data=ch;
           p->next=NULL;
           if (h==NULL)h=p;                /* 建立首结点 */
           else
           {
               t=h;   q=h;
               /* 查找第1个大于 x 结点的结点 t, 把 x 插入到 q 与 t 之间 */
               while(t!=NULL&&ch>t->data) { q=t;   t=t->next ;}
               /* q、t 同步后移 */
               if(q==t) { p->next=t;   h=p;}
               /* q、t 未移动, 将新结点插入到最前面 */
               else     { q->next=p;   p->next=t;}
           }
           scanf("%c", &ch);
```

```
    }
    list(h);
}
```

2. ① C   ② A   ③ B

本程序提供了另一种创建链表的方法，在函数中返回值 h 是结构体指针，所以函数类型只能是"struct node *"。在给结点赋值时，由于 s 是指向字符数组的指针，根据 while 条件应选择"*s"。语句"q->next=p;"把 p 结点加到链表尾，q 的作用是指示表尾，所以 q 要指向 p，最后一个填空应选择"p"。

此题创建的链表的第一个结点称为头结点，该结点不存储数据信息，只存储指针，与前面的例子中的头指针不同，遍历链表只需从 head->next 结点开始即可。

3. 13431

第 17 章

一、习题

1. (1) 1 2

data. dat 文件共有两行内容，第 1 行是"1　2　3"，第 2 行是"4　5"，所以，从文件中读取的两个数就应该是"1　2"。

(2) 3

程序中"fseek(fp, -2L * sizeof(int), SEEK_END);"语句的作用是使位置指针从文件尾向前移 2 * sizeof(int)个字节；"fread(&b, sizeof(int), 1, fp);"语句的作用是从文件中读取 sizeof(int)字节的数据送到变量 b 中。

第 18 章

略

第 20 章

略

附录 2　编写 C 语言程序时应注意的问题

C 语言程序的最大特点是功能强大，使用方便灵活。C 编译程序对语法的检查不像其他高级语言那么严格，这就给编程人员留下"灵活的空间"，但也因为这种"灵活"，给程序的调试带来许多不便，尤其对初学 C 语言的人来说，经常会出一些连自己都意想不到的错误，因此不知该如何改起。下面给出编写 C 语言程序时应该注意的若干问题。

1. 书写标识符时，不要忽略大小写字母的区别。例如：

```
main()
    {
        int a=5;
        printf("%d", A);
    }
```

编译程序会认为 a 和 A 是两个不同的变量名而显示出错信息。C 语言认为大写字母和小写字母是两个不同的字符。习惯上，符号常量名用大写字母表示，变量名用小写字母表示，这样能增加可读性。

2. 注意变量的类型，不要进行不合法的运算。例如：

```
main()
    {
        float a, b;
        printf("%d", a%b);
    }
```

%是求余运算，a%b 得到 a 除以 b 的余数。对整型变量 a 和 b 可以进行求余运算，而对实型变量则不允许进行求余运算。

3. 注意区分字符常量与字符串常量。例如：

```
char c;
c="a";
```

这里混淆了字符常量与字符串常量，字符常量是由一对单引号括起来的单个字符，字符串常量是一对双引号括起来的字符序列。C 语言规定以'\0'作字符串结束标志，它是由系统自动加上的，所以字符串"a"实际上包含'a'和'\0'两个字符，因此不能把"a"赋给一个字符变量。

4. 注意"="与"=="的区别。

在许多高级语言中，用"="作为"等于"关系运算符。如在 BASIC 程序中可以写为：

```
if (a=3) then …
```

但在 C 语言中，"="是赋值运算符，"=="才是关系运算符。例如：

```
if ( a==3 )     a=b;
```

"a==3"是进行比较，上述程序判断 a 是否相等 3，若相等，就把 b 的值赋给 a。由于习惯问题，初学者往往会将"="和"=="混淆。可以从下述例子看出"="与"=="的区别。

```
int a;      float i=0.1;
printf( "%d " , a=3 );
printf( "%d " , a==3 );
printf( "%d\n" , i==0.1 );
```

执行本程序段的输出结果是：3 1 0。

5. 语句末尾不要忘记加分号。

分号是 C 语言程序语句中不可缺少的一部分，语句末尾必须有分号。例如：

```
a=1
b=2;
```

在编译上述程序时，编译程序发现"a=1"后面没有分号，就会把下一行"b=2"也作为上一行语句的一部分，这样就会出现下述语法错误提示：

```
error C2146：syntax error ：missing ';' before identifier 'b'
```

在调试程序修改错误时，有时如果在被指出有错的一行中未发现错误，就需要查看上一行是否漏掉了分号。

对于复合语句来说，复合语句内最后一个语句后的分号不能省略。例如：

```
{
    z=x+y;
    t=z/100;
    printf( "%f", t );
}
```

6. 注意不要在程序中多加分号。例如：

```
{   z=x+y;
    t=z/100;
    printf( "%f", t );
};
```

上述程序中在复合语句的花括号后再加分号是错误的。

又例如下述程序：

```
if (a%3==0);
I++;
```

本意是如果 3 整除 a，则 I 加 1。但由于在"if (a%3==0)"语句后多加了一个分号，导致 if 语句结束，程序接着执行 I++语句，这样不论 3 是否整除 a，I 都将自动加 1。

再例如对于程序：

```
for (I=0; I<5; I++);
    {
        scanf("%d", &x);
        printf("%d", x); }
```

本意是先后输入 5 个数，每输入一个数后再将它输出。由于 for 语句后多加了一个分号，使循环体变为空语句，此时执行这个程序段，只能输入一个数并输出它。

7. 注意使用 scanf() 函数时容易出现的错误。

(1) 不要忘记在要输入的变量前加地址运算符"&"。例如，下述程序段不合法：

```
int a, b;
scanf("%d%d", a, b);
```

要注意 scanf() 函数的作用是：按照 a、b 在内存的地址将输入的值存进去。"&a"指 a 在内存中的地址。

(2) 对数组赋值时，如果下标不确定或下标出界时，也会出现错误。例如，下面的语句是错误的。

```
int a[5], i;
a[i]=0;       a[37]=0;
```

(3) 对指向字符串常量的字符型指针进行再输入也会出现错误。例如：

```
char *p="1234";
scanf("%s", p);
```

正确的代码如下：

```
#include<stdio.h>
main()
{
    char a[10], *p=a;
    scanf("%s", p);
    printf("%s", p);
}
```

8. 运行程序时容易出现输入数据的方式与要求不符。例如，对于下述语句：

```
scanf("%d%d", &a, &b);
```

这时输入数据，在两个数据之间应以一个或多个空格间隔，也可用 Enter 键或 Tab 键。不能用逗号作为两个数据间的分隔符，如下面的输入不合法：

```
3,4
```

C 语言规定：如果在"格式控制"字符串中除了格式说明以外还有其他字符，则在输入数据时应输入与这些字符相同的字符。如对于语句：

```
scanf("%d,%d", &a, &b);
```

下面的输入就合法了：

```
3,4
```

此时不用逗号而用空格或其他字符分隔数据就不正确了。

又如对于语句：

```
scanf("a=%d,b=%d", &a, &b);
```

应按以下形式输入：

```
a=3,b=4
```

9. 输入字符的格式应与要求一致。

在用"%c"格式输入字符时，"空格字符"和"转义字符"都可以作为有效字符输入。例如，对于语句：

```
scanf("%c%c%c", &c1, &c2, &c3);
```

如果输入：a b c，则字符'a'赋给 c1，字符' '赋给 c2，字符'b'赋给 c3，因为%c 只要求读入一个字符，后面不需要用空格作为两个字符的间隔。

10. 输入输出的数据类型与所用格式说明符应该一致。

例如，a 已定义为整型，b 已定义为实型。对于下述程序：

```
a=3;   b=4.5;
printf("%f%d\n", a, b);
```

编译时不会出现出错信息，但运行结果将与原意不符。这种错误尤其需要注意。

11. 在输入数据时不能规定数据的精度。例如：

```
scanf("%7.2f", &a);
```

上述用法不合法，因为输入数据时不能规定精度。

12. 使用 switch 语句时，注意不要发生漏写 break 语句的错误。

例如，输出各种成绩等级所对应的百分制考试分数，如果使用下述程序：

```
switch( grade )
  {
    case 'A':   printf( "85~100\n" );
    case 'B':   printf( "70~84\n" );
    case 'C':   printf( "60~69\n" );
    case 'D':   printf( "<60\n" );
    default:   printf( "error\n" );
  }
```

由于漏写了 break 语句，case 只起标号的作用，而不起判断作用。因此，当 grade 值为 A 时，printf( ) 函数在执行完第 1 个语句后将接着执行第 2、3、4、5 个 printf( ) 函数语句。正确写法应在每个分支后再加上"break;"。例如：

```
case 'A':   printf( "85~100\n" );   break;
```

13. 注意 while 和 do-while 语句在细节上的区别。考察下述两个程序。

```
(1) main( )
  {
    int a=0, I;
    scanf( "%d", &I );
    while( I<=10 )
      { a=a+I;
        I++;
      }
    printf( "%d", a );
  }
(2) main( )
  {
    int a=0, I;
    scanf( "%d", &I );
    do
      {
        a=a+I;
        I++;
      } while( I<=10 );
    printf( "%d", a );
  }
```

分别运行上述两个程序，当输入的 I 的值小于或等于 10 时，两者得到的结果相同。而当 I>10 时，两者结果就不同了。因为 while 循环是先判断后执行，而 do-while 循环是先执行后判断。当 I>10 时，上述程序中，while 循环一次也不执行循环体，而 do-while 循环则要执行一次循环体。

14. 定义数组时不要误用变量定义数组的大小。例如，下述程序段是错误的：

```
int n;
scanf("%d", &n);
int a[n];
```

数组名后用方括号括起来的内容应该是常量表达式，可以包括常量和符号常量，即 C 语言不允许对数组的大小作动态定义。

15. 定义数组后，不要将定义的元素个数误认为是可使用的最大下标值。例如，下述程序段是错误的：

```
main()
  {
      static int a[10]={1, 2, 3, 4, 5, 6, 7, 8, 9, 10};
      printf("%d", a[10]);
  }
```

C 语言规定：定义时使用了 a[10]，表示 a 数组有 10 个元素。其下标值由 0 开始，所以不存在数组元素 a[10]。

16. 不要在不应加地址运算符 & 的位置加地址运算符。例如，已经定义了字符数组 str 后，不能使用以下语句：

```
scanf("%s", &str);
```

C 语言编译系统对数组名的处理是：数组名代表该数组的起始地址，而这里 scanf() 函数中的输入项是字符数组名，因此不能再加地址符 &。正确写法应为：

```
scanf("%s", str);
```

17. 不要同时定义形参和函数中的局部变量。例如，下述程序段是错误的：

```
int max(x, y)
int x, y, z;
  {
      z=x>y?x:y;
      return(z);
  }
```

形参应该在函数体外定义，而局部变量应该在函数体内定义。上述程序段应改为：

```
int max(x, y)
int x, y;
    {
        int z;
        z=x>y?x:y;
        return(z);
    }
```

18. 注意结合性判断。

赋值运算符具有"自右向左"的结合性，例如：

> a=b=c=5+3;　相当于　a=(b=(c=(5+3)));

逗号运算具有"自左向右"的结合性，例如：

> a=4, a=3;　printf("%d", a);

结果是显示 3。

但在 printf() 函数中表达式的运算顺序为"自右向左"，例如：

> printf("%d,%d", a=4, a=3);　printf("%d", a);

结果是显示 4，3 4

19. 注意++、--运算符的结合性。考察下述几个例子：

(1) a=3;　b=4;

　　y=a+++b;

结果为 a=4, b=4, y=7。

(2) a=3;　b=4;

　　y=a-++b;

结果为 a=3, b=5, y=-2。

(3) a=3;　b=4;

　　y=a--+b;

结果为 a=4, b=4, y=7。

(4) a=3;　b=4;

　　y=a---b;

结果为 a=2, b=4, y=-1。

(5) float i=0.1;

　　printf("%f", ++i);

输出结果为：1.10000。

(6) 语句"y=2+++b;"不合法，而语句"y=2-++b;"合法。

20. 定义数组时，如果只对部分元素初始化，则当数组元素的基类型为整型或实型时，未赋初值元素的初值将被设为 0；当基类型为字符型时，未赋初值元素的初值将被设为'\0'。定义 static 类型数组时，如果不对元素初始化，情况同上，而对非 static 类型数组不进行初始化时，其元素值则为随机值。

21. 注意 && 与 ‖ 的运算。

对于 a&&b，如果表达式 a 为假，则不再运算表达式 b。

对于 a‖b，如果表达式 A 为真，则不再运算表达式 b。

例如：

```
a=1, b=2;
a=a++>2&&b++<3;
```

结果是：a=0，b=2。

22. 注意 "?" 运算符的结合性。

例如，若整型变量 a、b、c、d 的值依次为 1、4、3、2，则条件表达式 a<b?a:c<d?c:d 的值为 1。

23. 当 printf( ) 函数中格式串的数量少于表达式的数量时，则只显示前面表达式的值。如下面题目的答案是 B。

有以下程序：

```
main( )
{
    int a=666, b=888;
    printf("%d\n", a, b);
}
```

程序运行后的输出结果是_____。

A）显示错误信息　　B）666　　C）888　　D）666,888

24. 在函数调用时，参数的计算顺序从右向左进行，特别是参数中有自增自减运算时，更要注意。例如，对于下述程序段：

```
void f(int a,int b,int c,int d)
{
    printf("a=%d b=%d c=%d d=%d\n", a, b, c, d);
}
main( )
{
    int i=1;
    f(i, ++i, ++i, i++);
    printf("i=%d\n", i);
}
```

在 VC 环境下，参数的计算顺序从右向左，i 的值为 1 传递给 d，i 的值加 1 后变为 2 传递给 c，i 的值加 1 后变为 3 传递给 b、a，调用函数后，由于 i++的执行，使 i 的值变为 4，所以结果如下图所示。

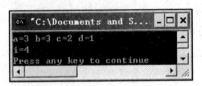

25. 注意指针移动主要用于数组。例如：

```
#include<stdio.h>
void f(int **p)
{
    *p+=3;
}
void main()
{
    int a[]={10, 20, 30, 40, 50, 60}, *p=a;
    f(&p);
    printf("%d", *p);
}
```

运行结果显示 40。

指针移动不能用于其他变量的偏移访问。例如：

```
void main()
{
    int a=1, b=2, c=3, d=4, *p, x[]={1, 2, 3, 4};
    p=&b;
    printf("%3d   %3d\n", *(p-2), *(p+1));
    p=&x[1];
    printf("%3d   %3d\n", *(p-1), *(p+1));
}
```

在 VC 环境下的程序运行结果为：

```
4    1
1    3
```

在 TC 环境下的程序运行结果为：

```
1   3
1   3
```

所以不能基于 a、b、c、d 中某一个变量的地址访问其他变量。

26. 通过函数对主程序中的指针变量分配存储空间并赋值时，参数类型要用"指针的指针"才能实现传地址操作，不能认为参数是指针类型就一定是传地址操作。例如，下述程序段就是一个典型的错误：

```
f( int  * x)
{
    x = ( int  * )malloc( sizeof( int ) );
    * x = 3;
    printf( "%d ", * x);
}
main( )
{
    int * p;
    f( p);
    printf( "%d\n", * p);
}
```

运行程序时，输出 3 后系统出错。

可以再做如下试验：

```
f( int  * x)
{
    x = ( int  * )malloc( sizeof( int ) );
    * x = 3;
    printf( "%d ", * x);
}
main( )
{
    int * p,a=9;
    p=&a;
    f( p);
    printf( "%d\n", * p);
}
```

程序运行结果为：3 9。

　　上面的函数参数传递方式是值传递，指针作为参数时，实际在函数内生成了一个指针的副本，函数中是对副本进行操作，没有改变原指针的值，所以指针仍保持进入函数前的值。正确的方法是：

```
f( int  ** x )
{
    * x = ( int  * ) malloc ( sizeof( int ) );
    ** x = 3;
    printf( "%d ", ** x );
}

main( )
{
    int  * p, a = 9;
    p = &a;
    f( &p );
    printf( "%d\n", * p );
}
```

附录 3　C 语言常用系统函数

在 C 编译系统中，有许多以 h 为扩展名的文件，这些文件一般称为头文件。在此类文件中对相应函数的原型与符号常量进行了说明和定义。使用不同的 C 库函数，则在源程序的开头应包含相应的头文件。一般头文件放在 VC 系统的安装文件夹 "Microsoft Visual Studio\VC98\Include" 内，可以用记事本打开，了解更详细的常量定义及函数的返回值及参数类型。

1. ctype. h 中的字符操作函数

函　　数	说　　明
int isalpha(int ch)	若 ch 是字母'A'~'Z'，则返回 1；若是'a'~'z'，则返回 2，否则返回 0
int isalnum(int ch)	若 ch 是字母'A'~'Z'，则返回 1；若是'a'~'z'，则返回 2；若是数字'0'~'9'，则返回 4，否则返回 0
int isascii(int ch)	若 ch 是字符（ASCII 码中的 0~127），则返回 1，否则返回 0
int iscntrl(int ch)	若 ch 是作废字符（0x7F）或普通控制字符（0x00~0x1F），则返回 1，否则返回 0
int isdigit(int ch)	若 ch 是数字（'0'~'9'），则返回 4，否则返回 0
int isgraph(int ch)	若 ch 是可打印字符（不含空格）（0x21~0x7E），则返回 1，否则返回 0
int islower(int ch)	若 ch 是小写字母（'a'~'z'），则返回 2，否则返回 0
int isprint(int ch)	若 ch 是可打印字符（含空格）（0x20~0x7E），则返回 1，否则返回 0
int ispunct(int ch)	若 ch 是标点字符（0x00~0x1F），则返回 16，否则返回 0
int isspace(int ch)	若 ch 是空格（' '），水平制表符（'\t'），回车符（'\r'），走纸换行符（'\f'），垂直制表符（'\v'），换行符（'\n'），则返回 1，否则返回 0
int isupper(int ch)	若 ch 是大写字母（'A'~'Z'），则返回 1，否则返回 0
int isxdigit(int ch)	若 ch 是 16 进制数（'0'~'9'，'A'~'F'，'a'~'f'），则返回 128，否则返回 0
int tolower(int ch)	若 ch 是大写字母（'A'~'Z'），则返回相应的小写字母（'a'~'z'）
int toupper(int ch)	若 ch 是小写字母（'a'~'z'），则返回相应的大写字母（'A'~'Z'）

2. stdlib. h 和 math. h 中的数学函数

函　　数	说　　明
int abs(int i)	返回整型参数 i 的绝对值
double fabs(double x)	返回双精度参数 x 的绝对值
long labs(long n)	返回长整型参数 n 的绝对值
double exp(double x)	返回指数函数 e^x 的值
double log(double x)	返回 lnx 的值

函 数	说 明
double log10(double x)	返回 $\ln_{10} x$ 的值
double pow(double x, double y)	返回 x^y 的值
double sqrt(double x)	返回 x 正平方根 $\sqrt{x}$ 的值
double acos(double x)	返回 x 的反余弦 arccos(x) 值
double asin(double x)	返回 x 的反正弦 arcsin(x) 值
double atan(double x)	返回 x 的反正切 arctan(x) 值
double cos(double x)	返回 x 的余弦 cos(x) 值, x 为弧度数
double sin(double x)	返回 x 的正弦 sin(x) 值, x 为弧度数
double tan(double x)	返回 x 的正切 tan(x) 值, x 为弧度数
double cosh(double x)	返回 x 的双曲余弦 cosh(x) 的值
double sinh(double x)	返回 x 的双曲正弦 sinh(x) 的值
double tanh(double x)	返回 x 的双曲正切 tanh(x) 的值
double ceil(double x)	返回不小于 x 的最小整数 $\lceil x \rceil$
double floor(double x)	返回不大于 x 的最大整数 $\lfloor x \rfloor$
void srand(unsigned seed)	初始化随机数发生器
int rand( )	产生一个随机数并返回这个数

3. alloc. h、malloc. h 和 stdlib. h 中的存储分配函数

函 数	说 明
int allocmem(unsigned size, unsigned ∗ seg)	利用 DOS 分配空闲的内存, size 为分配内存大小, seg 为分配后的内存指针
int freemem(unsigned seg)	释放先前由 allocmem 分配的内存, seg 为指定的内存指针
int setblock(int seg, int newsize)	用来修改所分配的内存长度, seg 为已分配内存的内存指针, newsize 为新的长度
int brk(void ∗ endds)	用来改变分配给调用程序的数据段的空间数量, 新的空间结束地址为 endds
char ∗ sbrk(int incr)	用来增加分配给调用程序的数据段的空间数量, 增加 incr 个字节的空间
unsigned long coreleft( )	返回未用的存储区的长度, 以字节为单位
void ∗ calloc(unsigned nelem, unsigned elsize)	分配 nelem 个长度为 elsize 的内存空间并返回所分配内存的指针
void ∗ malloc(unsigned size)	分配 size 个字节的内存空间, 并返回所分配内存的指针

函　　数	说　　明
void free(void * ptr)	释放先前所分配的内存,所要释放的内存的指针为 ptr
void * realloc(void * ptr, unsigned newsize)	改变已分配内存的大小, ptr 为已分配有内存区域的指针, newsize 为新的长度,返回分配好的内存指针
long farcoreleft( )	返回远堆中未用的存储区的长度,以字节为单位
void far * farcalloc(unsigned long units, unsigned long unitsz)	从远堆分配 units 个长度为 unitsz 的内存空间,并返回所分配内存的指针
void * farmalloc(unsigned long size)	分配 size 个字节的内存空间,并返回分配的内存指针
void farfree(void far * block)	释放先前从远堆分配的内存空间,所要释放的远堆内存的指针为 block
void far * farrealloc (void far * block, unsigned long newsize)	改变已分配的远堆内存的大小, block 为已分配有内存区域的指针, newzie 为新的长度,返回分配好的内存指针

4. time. h 和 dos. h 中的时间日期函数

在时间日期函数中主要用到以下几种结构:

```
struct tm
    {
        int tm_sec;              / * 秒,值为 0~59 * /
        int tm_min;              / * 分,值为 0~59 * /
        int tm_hour;             / * 时,值为 0~23 * /
        int tm_mday;             / * 天数,值为 1~31 * /
        int tm_mon;              / * 月数,值为 0~11 * /
        int tm_year;             / * 自 1900 年起的年数 * /
        int tm_wday;             / * 自星期日期的天数,值为 0~6 * /
        int tm_yday;             / * 自 1 月 1 日起的天数,值为 0~365 * /
        int tm_isdst;            / * 是否采用夏时制,如果采用为正数 * /
    }
struct date
    {
        int da_year;             / * 自 1900 年起的年数 * /
        char da_day;             / * 天数 * /
        char da_mon;             / * 月数 1 = Jan * /
    }
struct time
    {
```

```
        unsigned char ti_min;          /*分钟*/
        unsigned char ti_hour;         /*小时*/
        unsigned char ti_sec;          /*秒*/
    }
```

函　数	说　明
char * ctime(long * clock)	把 clock 所指的时间（如由 time 函数返回的时间）转换成格式为"Mon Nov 21 11∶31∶54 1983\n\0"形式的字符串
char * asctime(struct tm * tm)	把指定的 tm 结构类的时间转换成格式为"Mon Nov 21 11∶31∶54 1983\n\0"形式的字符串
double difftime(long time2, long time1)	计算结构 time2 和 time1 之间的时间差距（以秒为单位）
struct tm * gmtime(long * clock)	把 clock 所指的时间（如由 time 函数返回的时间）转换成格林尼治时间，并以 tm 结构形式返回
struct tm * localtime(long * clock)	把 clock 所指的时间（如由 time 函数返回的时间）转换成当地标准时间，并以 tm 结构形式返回
void tzset()	提供了对 UNIX 操作系统的兼容性
long dostounix(struct date * dateptr, struct time * timeptr)	将 datept 所指的日期，timeptr 所指的时间转换成 UNIX 格式，并返回自格林尼治时间 1970 年 1 月 1 日凌晨起到现在的秒数
void unixtodos(long utime, struct date * dateptr, struct time * timeptr)	将自格林尼治时间 1970 年 1 月 1 日凌晨起到现在的秒数 utime 转换成 DOS 格式并保存于用户所指的结构 dateptr 和 timeptr 中
void getdate(struct date * dateblk)	将计算机内的日期写入结构 dateblk 中以供用户使用
void setdate(struct date * dateblk)	将计算机内的日期改成由结构 dateblk 所指定的日期
void gettime(struct time * timep)	将计算机内的时间写入结构 timep 中以供用户使用
void settime(struct time * timep)	将计算机内的时间改为由结构 timep 所指的时间
long time(long * tloc)	给出自格林尼治时间 1970 年 1 月 1 日凌晨至现在所经过的秒数，并将该值存于 tloc 所指的单元中
int stime(long * tp)	将 tp 所指的时间（如由 time 函数所返回的时间）写入计算机中

5. string.h 中的字符串操作函数

函　数	说　明
char strcpy(char * dest, const char * src)	将 src 字符串复制到 dest 字符串中
char strcat(char * dest, const char * src)	将 src 字符串添加到 dest 字符串末尾

函　　数	说　　明
char ＊ strchr(const char ＊ s, int c)	检索并返回字符 c 在字符串 s 中第 1 次出现的地址，若不存在返回 0
int strcmp (const char ＊ s1, const char ＊ s2)	比较 s1 字符串与 s2 字符串，s1>s2 返回 1，s1==s2 返回 0，s1< s2 返回−1。
char ＊ strcpy (char ＊ dest, const char ＊ src)	将 src 所指示的字符串复制到 dest 所指示的字符串中
unsigned strcspn (const char ＊ s1, const char ＊ s2)	返回 s1 开头连续 n 个字符都不含字符串 s2 内字符的字符数 n
char ＊ strdup(const char ＊ s)	将 s 字符串复制到最近建立的单元中
unsigned strlen(const char ＊ s)	返回 s 字符串的长度
char ＊ strlwr(char ＊ s)	将 s 字符串中的大写字母全部转换成小写字母，并返回转换后的字符串
char ＊ strncat (char ＊ dest, const char ＊ src, unsigned maxlen)	将 src 字符串中最多 maxlen 个字符复制到字符串 dest 中
int strncmp (const char ＊ s1, const char ＊ s2, unsigned maxlen)	比较 s1 字符串与 s2 字符串中的前 maxlen 个字符
char ＊ strncpy (char ＊ dest, const char ＊ src, size_t maxlen)	复制 src 字符串中的前 maxlen 个字符到 dest 字符串中
int strnicmp(const char ＊ s1, const char ＊ s2, unsigned maxlen)	比较字符串 s1 与 s2 中的前 maxlen 个字符
char ＊ strnset (char ＊ s, int ch, unsigned n)	将字符串 s 的前 n 个字符设置为字符 ch
char ＊ strpbrk (const char ＊ s1, const char ＊ s2)	扫描字符串 s1，并返回在 s1 和 s2 中均有的字符个数
char ＊ strrchr(const char ＊ s, int c)	扫描最后出现一个给定字符 c 的地址指针
char ＊ strrev(char ＊ s)	将 s 字符串中的字符全部颠倒顺序重新排列，并返回排列后的字符串
char ＊ strset(char ＊ s, int ch)	将 s 字符串中的所有字符置为一个给定的字符 ch
char ＊ strstr(const char ＊ s1, const char ＊ s2)	扫描 s1 字符串，并返回第一次出现 s2 字符串的指针
char ＊ strtok(char ＊ s1, const char ＊ s2)	检索 s1 字符串，返回 s1 字符串由字符串 s2 中定义的定界符所分隔的串
char ＊ strupr(char ＊ s)	将 s 字符串中的小写字母全部转换成大写字母，并返回转换后的字符串

6. conio. h 和 stdio. h 中的输入输出函数

函　　　数	说　　　明
int kbhit( )	返回最近所按的键
int getch( )	从键盘读入一个字符，不显示在屏幕上
int putch( )	向屏幕输出一个字符
int getchar( )	从键盘读入一个字符，显示在屏幕上
int putchar( )	向屏幕输出一个字符
char ＊cgets(char ＊string)	从键盘读入字符串存于 string 中
int scanf(char ＊format［, argument …］)	从键盘读入一个字符串，分别对各个参数进行赋值，使用 BIOS 进行输入
int vscanf(char ＊format, Valist pa-ram)	从键盘读入一个字符串，分别对各个参数进行赋值，使用 BIOS 进行输出，参数从 Valist param 中取得
int cscanf(char ＊format［, argument …］)	从键盘读入一个字符串，分别对各个参数进行赋值，直接对控制台作操作，比如显示器在显示时字符时即为直接写频方式显示
int sscanf(char ＊ string, char ＊format［, argument, …］)	通过 string 字符串，分别对各个参数进行赋值
int vsscanf(char ＊ string, char ＊format, Vlist param)	通过 string 字符串，分别对各个参数进行赋值，参数从 Vlist param 中取得
int puts(char ＊string)	发送一个 string 字符串给控制台（显示器），使用 BIOS 进行输出
void cputs(char ＊string)	发送一个 string 字符串给控制台（显示器），直接对控制台作操作，比如对显示器即为直接写频方式显示
int printf(char ＊format［, argument, …］)	发送格式化字符串输出给控制台（显示器），使用 BIOS 进行输出
int vprintf(char ＊format, Valist pa-ram)	发送格式化字符串输出给控制台（显示器），使用 BIOS 进行输出，参数从 Valist param 中取得
int vcprintf (char ＊ format, Valist param)	发送格式化字符串输出给控制台（显示器），直接对控制台作操作，比如对显示器即为直接写频方式显示，参数从 Valist param 中取得
int sprintf(char ＊ string, char ＊for-mat［, argument, …］)	将 string 字符串的内容重新写为格式化后的字符串
int vsprintf(char ＊ string, char ＊format, Valist param)	将 string 字符串的内容重新写为格式化后的字符串，参数从 Valist param 中取得
long lseek(int handle, long offset, int fromwhere)	将文件号为 handle 的文件的指针移到 fromwhere 后的第 offset 个字节处，fromwhere 可以为以下值：SEEK_SET 为文件开头，SEEK_CUR 为文件当前位置，SEEK_END 为文件尾
long tell(int handle)	返回文件号为 handle 的文件指针，以字节表示
int isatty(int handle)	用来取设备 handle 的类型
int lock(int handle, long offset,long length)	对文件共享作封锁

函　　数	说　　明
int unlock (int handle，long offset，long length)	打开对文件共享的封锁
int close(int handle)	关闭 handle 所表示的文件处理，handle 是从 _creat、creat、creatnew、creattemp、dup、dup2、_open、open 中的一个处调用获得的文件处理，成功返回 0，否则返回-1，可用于 UNIX 系统
int _close(int handle)	关闭 handle 所表示的文件处理，handle 是从_creat、creat、creatnew、creattemp、dup、dup2、_open、open 中的一个调用获得的文件处理，成功返回 0，否则返回-1，只能用于 MSDOS 系统
FILE * fopen(char * filename,char * type)	打开一个 filename 文件，type 表示打开方式，返回这个文件指针
int getc(FILE * stream)	从 stream 流中读一个字符，并返回这个字符
int putc(int ch，FILE * stream)	向 stream 流写入一个字符 ch
int getw(FILE * stream)	从 stream 流读入一个整数，如果发生错误，返回 EOF
int putw(int w，FILE * stream)	向 stream 流写入一个整数
int ungetc(char c，FILE * stream)	把字符 c 退回给 stream 流，下一次读进的字符将是 c
int fgetc(FILE * stream)	从 stream 流处读一个字符，并返回这个字符
int fputc(int ch，FILE * stream)	将字符 ch 写入 stream 流中
char * fgets (char * string，int n，FILE * stream)	从 stream 流中读 n 个字符存入 string 中
int fputs (char * string，FILE * stream)	将 string 字符串写入 stream 流中
int fread (void * ptr，int size，int nitems，FILE * stream)	从 stream 流中读入 nitems 个长度为 size 的字符串存入 ptr 中
int fwrite (void * ptr，int size，int nitems，FILE * stream)	向 stream 流中写入 nitems 个长度为 size 的字符串，字符串在 ptr 中
int fscanf(FILE * stream，char * format[，argument，…])	以格式化形式从 stream 流中读入一个字符串
int vfscanf(FILE * stream，char * format，Valist param)	以格式化形式从 stream 流中读入一个字符串，参数从 Valist param 中取得
int fprintf(FILE * stream，char * format[，argument，…])	以格式化形式将一个字符串写给指定的 stream 流
int vfprintf(FILE * stream，char * format，Valist param)	以格式化形式将一个字符串写给指定的 stream 流，参数从 Valist param 中取得
int fseek (FILE * stream，long offset，int fromwhere)	把文件指针移到 fromwhere 所指位置的向后 offset 个字节处，fromwhere 可以为以下值：SEEK_SET 为文件开头，SEEK_CUR 为文件当前位置，SEEK_END 为文件尾
long ftell(FILE * stream)	返回定位在 stream 中的当前文件指针位置，以字节表示

续表

函　　数	说　　明
int rewind(FILE ＊ stream)	将当前文件指针 stream 移到文件开头
int feof(FILE ＊ stream)	检测 stream 流上的文件指针是否在结束位置
int fileno(FILE ＊ stream)	取 stream 流上的文件处理，并返回文件处理
int ferror(FILE ＊ stream)	检测 stream 流上是否有读写错误，如有错误就返回 1
void clearerr(FILE ＊ stream)	清除 stream 流上的读写错误
void setbuf(FILE ＊ stream, char ＊ buf)	给 stream 流指定一个缓冲区 buf
int fclose(FILE ＊ stream)	关闭一个流，可以是文件或设备（例如，LPT1）
int fcloseall( )	关闭所有除 stdin 或 stdout 外的流

附录 4　记录问题　收获成功

千里之行，始于足下。从每天积累一个失误开始，积累一个失误，就会获得一点进步。在学习中你可能遇到一些问题，注意积累在学习中遇到的问题是一个好的习惯，请将遇到的问题记录在下表中吧！

遇到的问题	总　　结
不积小流，无以成江海；不积跬步，无以至千里。	没有最好，只有更好！

郑重声明

高等教育出版社依法对本书享有专有出版权。任何未经许可的复制、销售行为均违反《中华人民共和国著作权法》，其行为人将承担相应的民事责任和行政责任；构成犯罪的，将被依法追究刑事责任。为了维护市场秩序，保护读者的合法权益，避免读者误用盗版书造成不良后果，我社将配合行政执法部门和司法机关对违法犯罪的单位和个人进行严厉打击。社会各界人士如发现上述侵权行为，希望及时举报，我社将奖励举报有功人员。

反盗版举报电话 （010）58581999　58582371

反盗版举报邮箱 dd@hep.com.cn

通信地址 北京市西城区德外大街 4 号　高等教育出版社法律事务部

邮政编码 100120

读者意见反馈

为收集对教材的意见建议，进一步完善教材编写并做好服务工作，读者可将对本教材的意见建议通过如下渠道反馈至我社。

咨询电话 400-810-0598

反馈邮箱 gjdzfwb@pub.hep.cn

通信地址 北京市朝阳区惠新东街 4 号富盛大厦 1 座　高等教育出版社工科事业部

邮政编码 100029

防伪查询说明

用户购书后刮开封底防伪涂层，使用手机微信等软件扫描二维码，会跳转至防伪查询网页，获得所购图书详细信息。

防伪客服电话 （010）58582300

网络增值服务使用说明

一、注册/登录

访问 https://abooks.hep.com.cn/，点击"注册"，在注册页面输入用户名、密码及常用的邮箱进行注册。已注册的用户直接输入用户名和密码登录即可进入"我的课程"页面。

二、课程绑定

点击"我的课程"页面右上方"绑定课程"，正确输入教材封底防伪标签上的 20 位密码，点击"确定"完成课程绑定。

三、访问课程

在"正在学习"列表中选择已绑定的课程，点击"进入课程"即可浏览或下载与本书配套的课程资源。刚绑定的课程请在"申请学习"列表中选择相应课程并点击"进入课程"。

如有账号问题，请发邮件至：abook@hep.com.cn。